电工电子技能训练

主　编　黄冬梅　郑　翘　张春妍
参　编　张金柱（企业）
主　审　杜丽萍

北京理工大学出版社
BEIJING INSTITUTE OF TECHNOLOGY PRESS

内容提要

本教材是校企合作双元开发的教材,对接装备制造大类中的机电设备类、机械设计制造类、自动化类等行业标准、电工国家职业标准,注重实践育人,适应新的职业教育发展需要。主要内容包括四个项目:工业现场基本电路的测试、工业产品基本电路的设计与测试、工业现场配电的设计与测试、工业产品的设计与测试。

本书适合普通高等院校、职业本科、高职院校相关电气类、机械类、机电类等专业学生的实践类教材,也可供相关的行业技术人员学习。

版权专有　侵权必究

图书在版编目（CIP）数据

电工电子技能训练 / 黄冬梅,郑翘,张春妍主编.
北京：北京理工大学出版社,2025.1.
ISBN 978-7-5763-4658-9

Ⅰ.TM；TN

中国国家版本馆 CIP 数据核字第 20251TV725 号

责任编辑：张　瑾	**文案编辑**：张　瑾
责任校对：周瑞红	**责任印制**：李志强

出版发行 / 北京理工大学出版社有限责任公司

社　　址 / 北京市丰台区四合庄路 6 号

邮　　编 / 100070

电　　话 / (010) 68914026（教材售后服务热线）
　　　　　　 (010) 63726648（课件资源服务热线）

网　　址 / http：//www.bitpress.com.cn

版 印 次 / 2025 年 1 月第 1 版第 1 次印刷

印　　刷 / 河北鑫彩博图印刷有限公司

开　　本 / 787 mm×1092 mm　1/16

印　　张 / 11.75

字　　数 / 197 千字

定　　价 / 68.50 元

图书出现印装质量问题,请拨打售后服务热线,负责调换

中国特色高水平高职学校项目建设成果系列教材编审委员会

主　任：高洪旗　哈尔滨职业技术大学党委书记
　　　　刘建国　哈尔滨职业技术大学校长、党委副书记
副主任：金　淼　哈尔滨职业技术大学宣传（统战）部部长
　　　　杜丽萍　哈尔滨职业技术大学教务处处长
　　　　徐翠娟　哈尔滨职业技术大学国际学院院长
委　员：
　　　　黄明琪　哈尔滨职业技术大学马克思主义学院党总支书记
　　　　栾　强　哈尔滨职业技术大学艺术与设计学院院长
　　　　彭　彤　哈尔滨职业技术大学公共基础教学部主任
　　　　单　林　哈尔滨职业技术大学医学院院长
　　　　王天成　哈尔滨职业技术大学建筑工程与应急管理学院院长
　　　　于星胜　哈尔滨职业技术大学汽车学院院长
　　　　雍丽英　哈尔滨职业技术大学机电工程学院院长
　　　　赵爱民　哈尔滨电机厂有限责任公司人力资源部培训主任
　　　　刘艳华　哈尔滨职业技术大学质量管理办公室教学督导员
　　　　谢吉龙　哈尔滨职业技术大学机电工程学院党总支书记
　　　　李　敏　哈尔滨职业技术大学机电工程学院教学总管
　　　　王永强　哈尔滨职业技术大学电子与信息工程学院教学总管
　　　　张　宇　哈尔滨职业技术大学高建办教学总管

编写说明

中国特色高水平高职学校和专业建设计划（简称"双高计划"）是我国教育部、财政部为建设一批引领改革、支撑发展、中国特色、世界水平的高等职业学校和骨干专业（群）的重大决策建设工程。哈尔滨职业技术大学（原哈尔滨职业技术学院）作为"双高计划"建设单位，对中国特色高水平高职学校建设项目进行顶层设计，编制了站位高端、理念领先的建设方案和任务书，并扎实地开展人才培养高地、特色专业群、高水平师资队伍与校企合作等项目建设，借鉴国际先进的教育教学理念，开发中国特色、国际标准的专业标准与规范，深入推动"三教"改革，组建模块化教学创新团队，落实课程思政建设要求，开展"课堂革命"，出版校企双元开发的"活页式"、工作手册式等新形态教材。为适应智能时代先进教学手段应用，学校加大优质在线资源的建设，丰富教材载体的内容与形式，为开发以工作过程为导向的优质特色教材奠定基础。按照教育部印发的《职业院校教材管理办法》要求，教材体现了如下编写理念：依据学校双高建设方案中教材建设规划、国家相关专业教学标准、专业相关职业标准及职业技能等级标准，服务学生成长成才和就业创业，以立德树人为根本任务，融入课程思政，对接相关产业发展需求，将企业应用的新技术、新工艺和新规范融入教材之中。教材编写遵循技术技能人才成长规律和学生认知特点，适应相关专业人才培养模式创新和优化课程体系的需要，注重以真实生产项目、典型工作任务、生产流程及典型工作案例等为载体开发教材内容体系，理论与实践有机融合，满足"做中学、做中教"的需要。

本系列教材是哈尔滨职业技术大学中国特色高水平高职学校项目建设的重要成果之一，也是哈尔滨职业技术大学教材改革和教法改革成效的集中体现。教材体例新颖，具有以下特色：

第一，创新教材编写机制。按照学校教材建设统一要求，遴选教学经验丰富、课程改革成效突出的专业教师担任主编，邀请相关企业作为联合建设单位，形成一批学校、行业、企业和教育领域高水平专业人才参与的开发团队，共同参与教材编写。

第二，创新教材总体结构设计。精准对接国家专业教学标准、职业标准、职业技能等级标准，确定教材内容体系，参照行业企业标准，有机融入新技术、新工艺、新规范，构建基于职业岗位工作需要的、体现真实工作任务与流程的内容体系。

第三，创新教材编写方式。与课程改革相配套，按照"工作过程系统化""项目＋任务式""任务驱动式""CDIO 式"四类课程改革需要设计四种教材编写模式，创新"活页式"、工作手册式等新形态教材编写方式。

第四，创新教材内容载体与形式。依据专业教学标准和人才培养方案要求，在深入企业调研岗位工作任务和职业能力分析基础上，按照"做中学、做中教"的编写思路，以企业典型工作任务为载体进行教学内容设计，将企业真实工作任务、真实业务流程、真实生产过程纳入教材之中,并开发了与教学内容配套的教学资源,以满足教师线上线下混合式教学的需要。本套教材配套资源同时在相关平台上线,可随时下载相应资源,也可满足学生在线自主学习的需要。

第五,创新教材评价体系。从培养学生良好的职业道德、综合职业能力、创新创业能力出发,设计并构建评价体系,注重过程考核和学生、教师、企业、行业、社会参与的多元评价,充分体现"岗课赛证"融通,每部教材根据专业特点设计了综合评价标准。为确保教材质量,哈尔滨职业技术大学组建了中国特色高水平高职学校项目建设成果系列教材编审委员会。该委员会由职业教育专家组成,同时聘用企业技术专家指导。学校组织了专业与课程专题研究组,对教材编写持续进行培训、指导、回访等跟踪服务,建有常态化质量监控机制,能够为修订完善教材提供稳定支持,确保教材的质量。

本系列教材是在国家骨干高职院校教材开发的基础上,经过几轮修改,融入课程思政内容和课堂革命理念,既具教学积累之深厚,又具教学改革之创新,凝聚了校企合作编写团队的集体智慧。本套教材充分展示了课程改革成果,力争为更好地推进中国特色高水平高职学校和专业建设及课程改革做出积极贡献!

哈尔滨职业技术大学
中国特色高水平高职学校项目建设成果系列教材编审委员会
2025 年 1 月

前　言

本书是机电一体化技术专业群平台课程规划教材《电工电子技术》的配套教材。

本书以习近平新时代中国特色社会主义思想为指导，贯彻落实党的二十大精神，对接高等职业学校专业教学标准装备制造大类中的机电设备类、机械设计制造类、自动化类等专业教学标准、初级电工国家职业标准，重新认识和梳理教材内容结构，将素质教育元素融入教材内容，注重实践育人，增强学习者服务国家、服务人民的社会责任感，勇于探索的创新精神，善于解决问题的实践能力，更适应新的职业教育发展的需要。本书具备如下特点。

1. 本书采用项目式教学，共计 4 个项目 13 个任务，内容深化了工学结合、校企合作、人才创新的人才培养模式改革，实现专业与行业岗位对接，教学内容与职业标准对接，教学过程与企业的运行岗位对接，学历证书与职业资格证书对接，教材中的典型案例、资源均与相关校企合作企业共同开发。

2. 本书贯彻落实党的二十大精神，将素质教育元素融入每个项目，着力提升学习者的思考能力、价值分析和价值判断能力，让学习者在学习中体悟做人做事的基本道理和社会主义核心价值观，增强其责任意识和创新意识，培养其艰苦奋斗、吃苦耐劳的作风。

3. 本书为方便社会学习者学习使用，与电工电子技术专业群共享平台课程配合使用，配有微课、教学课件、学习指导、互动系统、习题资源等，适合学习者的学习与自学。课程网址为：http：//hzhj.36ve.com/home/project-home-page？projectId＝40。以学习者身份注册，选择电工电子技术课程进行学习。

本书是校企合作双元开发的教材，由哈尔滨职业技术大学黄冬梅、郑翘、张春妍担任主编，分别负责项目 1 至项目 4 的编写。本书部分案例由哈尔滨电机厂有限责任公司首席技师张金柱进行编写指导。本书由哈尔滨职业技术大学杜丽萍任主审，她提出了很多修改建议在此表示诚挚的谢意。

由于编写组的业务水平和教学经验有限，书中难免有不妥之处，恳请指正。

编　者

目 录

项目 1　工业现场基本电路的测试 … 1

任务 1　工业仪表的应用与测试 … 1
任务 2　工业现场应急灯照明电路的测试 … 23
任务 3　工业现场配电线路的测试 … 44

项目 2　工业产品基本电路的设计与测试 … 60

任务 1　放大电路的应用 … 60
任务 2　组合逻辑电路的设计与测试 … 79
任务 3　时序逻辑电路的设计与测试 … 102

项目 3　工业现场配电的设计与测试 … 120

任务 1　常用导线的选用及连接 … 120
任务 2　室内照明线路的设计与测试 … 128
任务 3　小型变压器的设计与测试 … 134

项目 4　工业产品的设计与测试 … 142

任务 1　收音机的组装与调试 … 142
任务 2　万用表的设计与调试 … 153
任务 3　小功率直流稳压电源的制作 … 163
任务 4　光控音乐门铃的制作 … 170

参考文献 … 175

项目 1 工业现场基本电路的测试

项目导入

某公司建设厂房施工中，需要架设工业现场应急灯照明，某电气施工队承接了本任务，对工业现场应急灯照明电路进行设计与调试，在调试过程中正确使用电并能防止触电发生，正确使用万用表、试电笔、钳形电流表、电工工具等仪器进行电路的检测与维护。

项目目标

学习目标	能力目标	素质目标
1. 熟悉电阻元器件的功能及型号。 2. 掌握识读电路的方法图。 3. 了解各类仪表的使用说明书	1. 能够按照安全用电规范，在通电前、通电中使用仪器仪表检查调试电路，并能排除电路故障。 2. 能够按照国家电路安装工艺标准进行电路的安装。 3. 能够在发生触电事故时，处理事故并能进行急救	1. 通过项目的制作与调试，培养学生安全用电意识及团队合作的职业素养。 2. 通过项目报告的书写，培养学生掌握信息的能力

项目实施

任务 1　工业仪表的应用与测试

子任务 1　仪表电压、电流量程的扩展

任务目的

1. 学会直流电压表、直流电流表扩展量程的原理和设计方法；
2. 学会校验仪表的方法。

任务说明

多量程电压表或电流表由表头和测量电路组成。表头通常选用磁电式仪表，其满量程和内阻用 I_m 和 R_0 表示。多量程（如 1 V、10 V）电压表的测量电路如图 1-1 所示，图中 R_1、R_2 称为倍压电阻，它们的阻值与表头参数应满足下列计算式：

$$I_m (R_0+R_1) = 1 \text{ V} \tag{1-1}$$

$$I_m (R_0+R_1+R_2) = 10 \text{ V} \tag{1-2}$$

多量程（如 10 mA、100 mA、500 mA）电流表的测量电路如图 1-2 所示，图中 R_3、R_4、R_5 称为分流电阻，它们的大小与表头参数应满足下列计算式：

$$R_0 I_m = (R_3 + R_4 + R_5) \times 10 \times 10^{-3} \tag{1-3}$$

$$(R_0 + R_3) I_m = (R_4 + R_5) \times 10 \times 10^{-3} \tag{1-4}$$

$$(R_0 + R_3 + R_4) I_m = R_5 \times 10 \times 10^{-3} \tag{1-5}$$

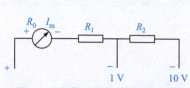

图 1-1　多量程电压表测量电路

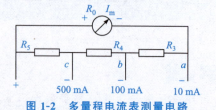

图 1-2　多量程电流表测量电路

当表头参数确定后，倍压电阻和分流电阻均可计算出来。

根据上述原理和计算，可以得到仪表扩展量程的方法。

（1）扩展电压量程：用表头直接测量电压的数值为 $I_m R_0$，当用它来测量 1 V 电压时，必须串联倍压电阻 R_1，当测量 10 V 电压时，必须串联倍压电阻 R_1 和 R_2。

（2）扩展电流量程：用表头直接测量电流的数值为 I_m，当用它来测量大于 I_m 的电流时，必须并联分流电阻 R_3、R_4、R_5，如图 1-2 所示，当测量 10 mA 电流时，"－"端从"a"引出，当测量 100 mA 电流时，"－"端从"b"引出，当测量 500 mA 电流时，"－"端从"c"引出。

通常，用一个适当阻值的电位器与表头串联，以便在校验仪表时校正测量数值。

磁电式仪表用来测量直流电压、电流时，表盘上的刻度是均匀的（线性刻度）。因而，扩展后的表盘刻度根据满量程均匀划分即可。在仪表校验时，必须首先校准满量程，然后逐一校验其他各点。

任务准备与要求

1. 仪器仪表及工具准备

（1）直流数字电压表、直流数字电流表（EEL-06 组件或 EEL 系列主控制屏）；

（2）恒压源［EEK-Ⅰ、Ⅱ、Ⅲ、Ⅳ均含在主控制屏上，根据用户的要求，可能有两种配置：+6 V（+5 V），+12 V，0～30 V 可调；双路 0～30 V 可调］；

（3）EEL-23 组件（含电阻箱、固定电阻、电位器）或 EEL-51 组件、EEL-52 组件；

（4）EEL-30 组件或 EEL-37 组件、EEL-56 组件［含磁电式表头（1 mA、160 Ω）、倍压电阻和分流电阻、电位器］。

2. 教师准备

提前布置实训任务，让学生预习有关知识；按照预先的每 3 人分组，准备好实训材料和工具，制定好实训程序和步骤，指导学生进行实训活动。

3. 学生准备

做好知识的预习与储备，掌握直流电压表、直流电流表的测量方法；提前分析电路的构成及工作原理，严格遵照实训指导书的操作要求和注意事项，按照组内分工积极参与实训活动。

4. 安全与文明要求

学生听从指导教师的安排及指挥，不在操作台附近相互打闹；保护好电子仪器仪表及工具；

遵守实训须知的安全与文明要求；严格按照工艺操作规程进行操作，操作中如发现故障，应立即停止操作并报告指导教师。

任务实施

1. 扩展电压量程（1 V、10 V）

参考图 1-1 所示电路，首先根据表头参数 I_m（1 mA）和 R_0（160 Ω）计算出倍压电阻 R_1、R_2，然后用 EEL-30 组件中的表头和电位器 R_{P1} 及倍压电阻 R_1、R_2 相串联，分别组成 1 V 和 10 V 的电压表。用它测量恒压源可调电压输出端电压，并用直流数字电压表校验，如在满量程时有误差，用电位器 R_{P1} 调整，然后校验其他各点，将校验数据记录在自拟的数据表格中。

2. 扩展电流量程（10 mA、100 mA、500 mA）

参考图 1-2 所示电路，根据表头参数 I_m（1 mA）和 R_0（160 Ω）计算出分流电阻 R_3、R_4、R_5，首先用 EEL-30 组件中的表头和电位器 R_{P2} 串联，然后与分流电阻 R_3、R_4、R_5 并联。当测量 10 mA 电流时，"−" 端从 "a" 引出，当测量 100 mA 电流时，"−" 端从 "b" 引出，当测量 500 mA 电流时，"−" 端从 "c" 引出。用它测量图 1-3 所示电路中的电流，并用直流数字电流表校验，如在满量程时有误差，用电位器 R_{P2} 调整，然后校验其他各点，将校验数据记录在自拟的数据表格中。

图 1-3 中，电源采用恒压源的 12 V 输出端，制作的电流表、直流数字电流表和电阻 R_{L1}、R_{L2} 串联，其中，$R_{L1}=51$ Ω，R_{L2} 为 1 kΩ 的电位器（均在 EEL-23 组件中）。如设备为 EEL-V 型，则需 EEL-51 组件和 EEL-52 组件。

图 1-3 用恒压源制作电流表

点拨

1. 磁电式表头有正、负两个连接端，电路中一定要保证电流从正端流入，否则，指针将反转。
2. 电流表的表头和分流电阻要可靠连接，不允许分流电阻断开。
3. 校准 1 V 和 10 V 电压表满量程时，均要调整电位器 R_{P1}。同样，在校准 10 mA、100 mA、500 mA 电流表满量程时，均要调整电位器 R_{P2}。
4. 恒压源的可调稳压输出电压的大小，可通过粗调（分段调）波动开关和细调（连续调）旋钮进行调节，并由该组件上的数字电压表显示。在启动恒压源时，先应使其输出电压调节旋钮置零位，然后慢慢增大。

任务评价

测评内容	配分	评分标准	操作时间/min	扣分	得分
电压表测试数据	40	1. 测试数据全错，扣 40 分； 2. 测试数据错误 1～5 处，每处扣 8 分	40		
电流表测试数据	40	1. 测试数据全错，扣 40 分； 2. 测试数据错误 1～5 处，每处扣 8 分	40		
安全文明操作	10	违反安全生产规程，视现场具体违规情况扣分			
定额时间 (80 min)	10	开始时间 （　　） 结束时间 （　　）	每超时 2 min 扣 5 分		

测评内容	配分	评分标准	操作时间/min	扣分	得分
合计总分	100				

任务反思

1. 设计 1 V 和 10 V 电压表的测量电路，计算出满足任务要求的各量程的倍压电阻。自拟记录校验数据的表格。

2. 设计 10 mA、100 mA 和 500 mA 电流表的测量电路，计算出满足任务要求的各量程的分流电阻。自拟记录校验数据的表格。

3. 电压表和电流表的表盘如何刻度？

4. 如何对扩展量程后的电压表和电流表进行校验？

子任务 2　基本电工仪表的使用

任务目的

1. 学会仪表的使用及布局；
2. 学会恒压源与恒流源的使用及布局；
3. 学会电压表、电流表内电阻的测量方法；
4. 学会电工仪表测量误差的计算方法。

任务说明

万用表测
交流电压

通常，用电压表和电流表测量电路中的电压和电流，而电压表和电流表都具有一定的内阻，分别用 R_V 和 R_A 表示。如图 1-4 所示，测量电阻 R_2 两端电压 U_2 时，电压表与 R_2 并联，只有电压表内阻 R_V 无穷大，才不会改变电路原来的状态。如果测量电路的电流 I，电流表串入电路，要想不改变电路原来的状态，电流表的内阻 R_A 必须等于零。但实际使用的电压表和电流表一般不能满足上述要求，即它们的内阻不可能为无穷大或者为零，因此，当仪表接入电路时都会使电路原来的状态产生变化，使被测的读数值与电路原来的实际值之间产生误差，这种由于仪表内阻引入的测量误差，称为方法误差。显然，方法误差值的大小与仪表本身内阻值的大小密切相关，一般要求电压表的内阻越接近无穷大越好，而电流表的内阻越接近零越好。可见，仪表的内阻是一个十分重要的参数。

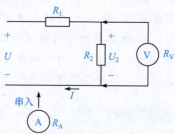

图 1-4　用电压表和电流表测量电路

通常采用下列方法测量仪表的内阻。

1. 用"分流法"测量电流表的内阻

设被测电流表的内阻为 R_A，满量程电流为 I_m，测试电路如图 1-5 所示，首先断开开关 S，调节恒流源的输出电流 I，使电流表指针达到满偏转，即 $I=I_A=I_m$。然后合上开关 S，并保持 I 值不变，调节电阻箱 R 的阻值，使电流表的指针指在 1/2 满量程位置，即

$$I_A=I_R=\frac{I_m}{2}$$

则电流表的内阻 $R_A=R$。

2. 用"分压法"测量电压表的内阻

设被测电压表的内阻为 R_V，满量程电压为 U_m，测试电路如图 1-6 所示，首先闭合开关 S，调节恒压源的输出电压 U，使电压表指针达到满偏转，即 $U=U_V=U_m$。然后断开开关 S，并保持 U 值不变，调节电阻箱 R 的阻值，使电压表的指针指在 1/2 满量程位置，即

$$U_V = U_R = \frac{U_m}{2}$$

则电压表的内阻 $R_V = R$。

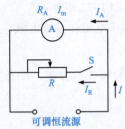 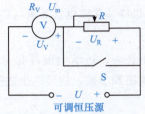

图 1-5 用"分流法"测量电流表的内阻　　图 1-6 用"分压法"测量电压表的内阻

在图 1-4 所示电路中，由于电压表的内阻 R_V 不为无穷大，在测量电压时引入的方法误差计算如下：

R_2 上的电压为 $U_2 = \frac{R_2}{R_1+R_2} \times U$，若 $R_1 = R_2$，则 $U_2 = \frac{U}{2}$。

现用一内阻 R_V 的电压表来测量 U_2 值，当 R_V 与 R_2 并联后，$R_2' = \frac{R_V R_2}{R_V+R_2}$，以此来代替上式的 R_2，则得

$$U_2' = \frac{\frac{R_V R_2}{R_V+R_2}}{R_1 + \frac{R_V R_2}{R_V+R_2}} \times U$$

绝对误差为

$$\Delta U = U_2 - U_2' = \left(\frac{R_2}{R_1+R_2} - \frac{\frac{R_V R_2}{R_V+R_2}}{R_1 + \frac{R_V R_2}{R_V+R_2}}\right) \times U = \frac{R_1 R_2^2}{(R_1+R_2)(R_1 R_2 + R_2 R_V + R_V R_1)} \times U$$

若 $R_1 = R_2 = R_V$，则得

$$\Delta U = \frac{U}{6}$$

相对误差为

$$\Delta U\% = \frac{U_2 - U_2'}{U_2} \times 100\% = \frac{\frac{U}{6}}{\frac{U}{2}} \times 100\% = 33.3\%$$

本任务使用的电压表和电流表采用统一的表头（1 mA、160 Ω）及其制作的电压表（1 V、10 V）和电流表（1 mA、10 mA）。

任务准备与要求

1. 仪器仪表及工具准备

（1）直流数字电压表、直流数字电流表（EEL-06 组件或 EEL 系列主控制屏）；

（2）恒压源［EEL-Ⅰ、Ⅱ、Ⅲ、Ⅳ均含在主控制屏上，根据用户的要求，可能有两种配置：+6 V（+5 V），+12 V，0～30 V 可调；双路 0～30 V 可调］；

（3）恒流源（0～500 mA 可调）；

（4）EEL-23 组件（含电阻箱、固定电阻、电位器）或 EEL-51 组件；

（5）EEL-30 组件［含磁电式表头（1 mA、160 Ω）、倍压电阻和分流电阻、电位器］。

2. 教师准备

提前布置实训任务，让学生预习有关知识；按照预先的每 3 人分组，准备好实训材料和工具，制定好实训程序和步骤，指导学生进行实训活动。

3. 学生准备

做好知识的预习与储备，提前研究"分压法"和"分流法"的特性，分析电路的测试方法，制定"分压法"和"分流法"电路的工作程序，严格遵照实训指导书的操作要求和注意事项，按照组内分工积极参与实训活动。

4. 安全与文明要求

学生听从指导教师的安排及指挥，不在操作台附近相互打闹；保护好电子仪器仪表及工具；遵守实训须知的安全与文明要求；严格按照工艺操作规程进行操作，操作中如发现故障，应立即停止操作并报告指导教师。

任务实施

1. 根据"分流法"原理测定直流电流表 1 mA 和 10 mA 量程的内阻

电路如图 1-5 所示，其中 R 为电阻箱，用×100 Ω、×10 Ω、×1 Ω 三组串联，1 mA 电流表由表头和电位器 R_{P2} 串联组成，10 mA 电流表由 1 mA 电流表与分流电阻并联而成，两个电流表都需要与直流数字电流表串联（采用 20 mA 量程挡），由可调恒流源供电，调节电位器 R_{P2} 校准满量程。电路中的电源用可调恒流源，测试内容见表 1-1，并将数据记入表中。

表 1-1 电流表内阻测量数据

被测表量程/mA	S 断开，调节恒流源，使 $I=I_A=I_m$/mA	S 闭合，调节电阻 R，使 $I_R=I_A=0.5I_m$/mA	R/Ω	计算内阻 R_A/Ω
1				
10				

2. 根据"分压法"原理测定直流电压表 1 V 和 10 V 量程的内阻

电路如图 1-6 所示，其中 R 为电阻箱，用×1 kΩ、×100 Ω、×10 Ω、×1 Ω 四组串联，1 V、10 V 电压表分别由表头、电位器 R_{P1} 和倍压电阻串联组成，两个电压表都需要与直流数字电压表并联，由可调恒压源供电，调节电位器 R_{P1} 校准满量程。电路中的电源用可调恒压源，测试内容见表 1-2，并将数据记入表中。

表 1-2　电压表内阻测量数据

被测表量程/V	S闭合，调节恒压源，使U=U_V=U_m/V	S断开，调节电阻R，使U_R=U_V=0.5U_m/V	R/Ω	计算R_V/Ω
1				
10				

3. 方法误差的测量与计算

电路如图 1-4 所示，其中 R_1=300 Ω，测量其电压 U_2 之值，计算测量的绝对误差和相对误差，计算数据记入表 1-3。

表 1-3　方法误差的测量与计算

R_V	计算值 U_2	实测值 U_2'	绝对误差 $\Delta U = U_2 - U_2'$	相对误差 $\Delta U / U_2 \times 100\%$

点拨

1. 实训台上的恒压源、恒流源均可通过粗调（分段调）波动开关和细调（连续调）旋钮调节其输出量，并由该组件上数字电压表、数字毫安表显示其输出量的大小。在启动这两个电源时，先应使其输出电压调节旋钮或电流调节旋钮置零位，然后慢慢增大。
2. 恒压源输出不允许短路，恒流源输出不允许开路。
3. 电压表并联测量，电流表串入测量，并且要注意极性与量程的合理选择。

任务评价

测评内容	配分	评分标准	操作时间/min	扣分	得分
电流表内阻测量数据	30	1. 测试数据全错，扣30分； 2. 测试数据错误1～5处，每处扣6分	40		
电压表内阻测量数据	30	1. 测试数据全错，扣30分； 2. 测试数据错误1～5处，每处扣6分	40		
方法误差的测量与计算	20	1. 测试数据全错，扣20分； 2. 测试数据错误1～5处，每处扣4分	10		
安全文明操作	10	违反安全生产规程，视现场具体违规情况扣分			
定额时间 （90 min）	10	开始时间（　　） 结束时间（　　）	每超时 2 min 扣 5 分		
合计总分	100				

任务反思

1. 根据已知表头的参数（1 mA、160 Ω），计算出组成 1 V、10 V 电压表的倍压电阻和 1 mA、10 mA 的分流电阻。
2. 若根据图 1-5 和图 1-6 已测量出电流表 1 mA 挡和电压表 1 V 挡的内阻，可否直接计算出 10 mA 挡和 10 V 挡的内阻？

3. 用量程为 10 A 的电流表测实际值为 8 A 电流时，仪表读数为 8.1 A，求测量的绝对误差和相对误差。

4. 图 1-7 所示为伏安法测量电阻的两种电路，被测电阻的实际值为 R，电压表的内阻为 R_V，电流表的内阻为 R_A，求两种电路测电阻 R 的相对误差。

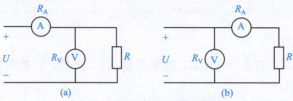

图 1-7　用伏安法测量电阻电路

子任务 3　减小仪表测量误差的方法

任务目的

1. 学会电压表、电流表的内阻在测量过程中产生误差的分析方法；
2. 学会减小仪表内阻引起的测量误差的方法。

任务说明

减小因仪表内阻而引起的测量误差有不同量程两次测量计算法和同一量程两次测量计算法两种方法。

1. 不同量程两次测量计算法

当电压表的内阻不够大或电流表的内阻太大时，可利用多量程仪表对同一被测量用不同量程进行两次测量，所得读数经计算后可得到非常准确的结果。

(1) 电压表不同量程两次测量计算法。图 1-8 所示电路，当测量具有较大内阻 R_0 的电源 U_S 的开路电压 U_0 时，如果所用电压表的内阻 R_V 与 R_0 相差不大，将会产生很大的测量误差。

设电压表有两挡量程，U_1、U_2 分别为在这两个不同量程下测得的电压值，令 R_{V1} 和 R_{V2} 分别为这两个相应量程的内阻，则由图 1-8 可得出

$$U_1 = \frac{R_{V1}}{R_0 + R_{V1}} \times U_S \qquad U_2 = \frac{R_{V2}}{R_0 + R_{V2}} \times U_S$$

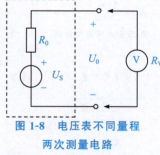

图 1-8　电压表不同量程两次测量电路

对上述两式进行整理，消去电源内阻 R_0，化简得

$$U_S = \frac{U_1 U_2 (R_{V2} - R_{V1})}{U_1 R_{V2} - U_2 R_{V1}} = U_0 \tag{1-6}$$

由该式可知：通过上述的两次测量结果 U_1、U_2，可准确地计算出开路电压 U_0 的大小（已知电压表两个量程的内阻 R_{V1} 和 R_{V2}），而与电源内阻 R_0 的大小无关。

(2) 电流表不同量程两次测量计算法。对于电流表，当其内阻较大时，也可采用类似的方法测得准确的结果。如图 1-9 所示，设电路中电流表有两挡量程，I_1、I_2 分别为在这两个不同量程下测得的电流值，令 R_{A1} 和 R_{A2} 分别为这两个相应量程的内阻，则由图 1-9 可得出

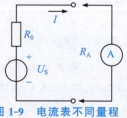

图 1-9　电流表不同量程两次测量电路

$$I_1=\frac{U_S}{R_0+R_{A1}} \tag{1-7}$$

$$I_2=\frac{U_S}{R_0+R_{A2}} \tag{1-8}$$

解得

$$I=\frac{U_S}{R}=\frac{I_1I_2(R_{A1}-R_{A2})}{I_2R_{A1}-I_1R_{A2}}$$

由该式可知：通过上述的两次测量结果 I_1、I_2，可准确地计算出被测电流 I 的大小（已知电流表两个量程的内阻 R_{A1} 和 R_{A2}）。

2. 同一量程两次测量计算法

如果电压表（或电流表）只有一挡量程，且电压表的内阻较小（或电流表的内阻较大），可用"同一量程两次测量计算法"减小测量误差。其中，第一次测量与一般的测量并无两样，只是在进行第二次测量时必须在电路中串入一个已知阻值的附加电阻。

（1）电压测量。测量如图 1-10 所示电路的开路电压 U_0。

第一次测量时电压表的读数为 U_1（设电压表的内阻为 R_V），第二次测量时应与电压表串接一个已知阻值的电阻 R，电压表读数为 U_2，由图可知

$$U_1=\frac{R_V}{R_0+R_V}\cdot U_S \tag{1-9}$$

$$U_2=\frac{R_V}{R_0+R_V+R}\cdot U_S \tag{1-10}$$

解得

$$U_S=U_0=\frac{RU_1U_2}{R_V(U_1-U_2)}$$

（2）电流测量。测量如图 1-11 所示电路的电流 I。

第一次测量时电流表的读数为 I_1（设电流表的内阻为 R_A），第二次测量时应与电流表串接一个已知阻值的电阻 R，电流表读数为 I_2，由图可知：

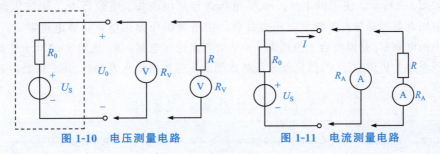

图 1-10　电压测量电路　　　　　图 1-11　电流测量电路

$$I_1=\frac{U_S}{R_0+R_A} \tag{1-11}$$

$$I_2=\frac{U_S}{R_0+R_A+R} \tag{1-12}$$

解得

$$I=\frac{U_S}{R_0}=\frac{I_1I_2R}{I_2(R_A+R)-I_1R_A}$$

由以上分析可知：采用不同量程两次测量计算法或同一量程两次测量计算法，不管电表内

阻如何，总可以通过两次测量和计算得到比单次测量准确得多的结果。

本任务使用的电压表和电流表采用统一的表头（1 mA、160 Ω）及其制作的电压表（1 V、10 V）和电流表（1 mA、10 mA）。

任务准备与要求

1. 仪器仪表及工具准备

（1）EEL-30 组件［含磁电式表头（1 mA、160 Ω）、倍压电阻和分流电阻、电位器］；

（2）恒压源［EEL-Ⅰ、Ⅱ、Ⅲ、Ⅳ均含在主控制屏上，根据用户的要求，可能有两种配置：+6 V（+5 V），+12 V，0～30 V 可调；双路 0～30 V 可调］；

（3）EEL-23 组件（含电阻箱、固定电阻、电位器）或 EEL-51 组件、EEL-52 组件。

2. 教师准备

提前布置实训任务，让学生预习有关知识；按照预先的每 3 人分组，准备好实训材料和工具，制定好实训程序和步骤，指导学生进行实训活动。

3. 学生准备

做好知识的预习与储备，提前研究单量程电压表两次测量计算法和双量程电流表两次测量计算法，制定电路的工作程序，严格遵照实训指导书的操作要求和注意事项，按照组内分工积极参与实训活动。

4. 安全与文明要求

学生听从指导教师的安排及指挥，不在操作台附近相互打闹；保护好电子仪器仪表及工具；遵守实训须知的安全与文明要求；严格按照工艺操作规程进行操作，操作中如发现故障，应立即停止操作并报告指导教师。

任务实施

1. 双量程电压表两次测量计算法

电路如图 1-8 所示，使用的 1 V、10 V 电压表分别由表头、电位器 R_{P1} 和倍压电阻串联组成，两个电压表都需要与直流数字电压表并联，由可调恒压源供电，调节电位器 R_{P1} 校准满量程。电路中的电源 U_S 是操作台上恒压源+6 V 的直流稳压电源，R_0 选用 6 kΩ（十进制电阻箱），用直流电压表的 1 V 和 10 V 两挡量程进行两次测量，将数据记入表 1-4，并根据表中的要求计算出各项内容。

表 1-4　双量程电压表两次测量数据

电压表量程/V	内阻/kΩ	$U_0=U_S$/V	测量值/V	两次测量计算值/V	绝对误差 ΔU/V	相对误差 $\Delta U/U_0 \times 100\%$
1	$R_{V1}=$		$U_1=$			
10	$R_{V2}=$		$U_2=$			
两次测量				$U_0=$		

2. 单量程电压表两次测量计算法

电路如图 1-10 所示，电路中的电源 U_S 是操作台上恒压源+6 V 的直流稳压电源，R_0 选用 6 kΩ（十进制电阻箱），用直流电压表的 10 V 量程挡进行测量，第一次直接测量，第二次串接

$R=10\text{ k}\Omega$ 的附加电阻进行测量，将数据记入表1-5，并根据表中要求计算出各项内容。

表1-5 单量程电压表两次测量数据

实际计算值/V	两次测量值/V		测量计算值/V	绝对误差/V	相对误差
U_0	U_1	U_2	U_0'	ΔU	$\Delta U/U_0 \times 100\%$

3. 双量程电流表两次测量计算法

电路如图1-9所示，使用的1 mA电流表由表头和电位器 R_{P2} 串联组成，10 mA电流表由1 mA电流表与分流电阻并联而成，两个电流表都需要与直流数字电流表串联，由可调恒流源供电，调节电位器 R_{P2} 校准满量程。电路中的电源 U_S 是操作台上恒压源+12 V的直流稳压电源，R_0 选用12 kΩ（十进制电阻箱），用直流电流表的1 mA和10 mA两挡量程进行两次测量，将数据记入表1-6，并根据表中的要求计算出各项内容。

表1-6 双量程电流表两次测量数据

电流表量程/mA	内阻/kΩ	测量值/mA	两次测量计算值/mA	电路计算值	绝对误差 ΔI/mA	相对误差 $\Delta I/I \times 100\%$
1	$R_{A1}=$	$I_1=$				
10	$R_{A2}=$	$I_2=$				
两次测量			$I=$			

4. 单量程电流表两次测量计算法

电路如图1-11所示，其中电源 U_S 是操作台上恒压源+12 V的直流稳压电源，R_0 选用12 kΩ（十进制电阻箱），用直流电流表的1 mA量程挡进行测量，第一次直接测量，第二次串接 $R=10\text{ k}\Omega$ 的附加电阻进行测量，将数据记入表1-7，并根据表中的要求计算出各项内容。

表1-7 单量程电流表两次测量数据

实际计算值/mA	两次测量值/mA		测量计算值/mA	绝对误差/mA	相对误差
I	I_1	I_2	I'	ΔI	$\Delta I/I \times 100\%$

点拨

1. 启动操作台上的恒压源时，先应使其输出旋钮置零位，然后慢慢增大，其输出量的大小由该组件上数字电压表显示。
2. 恒压源输出不允许短路。
3. 电压表并联测量，电流表串入测量，并且要注意极性选择。

任务评价

测评内容	配分	评分标准	操作时间/min	扣分	得分
双量程电压表两次测量计算法	20	1. 测试数据全错，扣20分； 2. 测试数据错误1～5处，每处扣4分	20		

续表

测评内容	配分	评分标准	操作时间/min	扣分	得分
单量程电压表两次测量计算法	20	1. 测试数据全错，扣20分； 2. 测试数据错误1～5处，每处扣4分	20		
双量程电流表两次测量计算法	20	1. 测试数据全错，扣20分； 2. 测试数据错误1～5处，每处扣4分	20		
单量程电流表两次测量计算法	20	1. 测试数据全错，扣20分； 2. 测试数据错误1～5处，每处扣4分	20		
安全文明操作	10	违反安全生产规程，视现场具体违规情况扣分			
定额时间（80 min）	10	开始时间（　　） 结束时间（　　）	每超时2 min扣5分		
合计总分	100				

任务反思

1. 根据已知表头的参数（1 mA、160 Ω），计算出组成1 V、10 V电压表的倍压电阻和1 mA、10 mA电流表的分流电阻，并计算出它们的内电阻值。

2. 计算用内阻为 R_A 的电流表测量图1-9电路电流的绝对误差和相对误差，当 $R_A = R$ 时，绝对误差和相对误差是多少？

3. 用两次测量计算法测量电压或电流，绝对误差和相对误差是否等于零？为什么？

子任务4　欧姆表的设计

任务目的

1. 熟悉欧姆表的基本原理和设计方法；
2. 学会欧姆表的校验方法。

任务说明

最简单的欧姆表原理如图1-12所示，表头、电源 U_S 和限流电阻 R_l 组成测量电路，A、B两端与被测电阻 R_x 相接，电路中的电流：

$$I = \frac{U_S}{R_0 + R_l + R_x} \qquad (1\text{-}13)$$

显然被测电阻 R_x 越大，电流 I 越小。用表头测出电流 I 即可间接反映电阻 R_x 的值，即 $R_x = U_S/I - R_0 - R_l$。

当 $R_x = 0$ 时，流过表头的电流正好是满偏电流，即 $I = I_m = \dfrac{U_S}{R_0 + R_l}$，则限流电阻为 $R_l = U_S/I_m - R_0$。

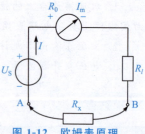

图1-12　欧姆表原理

在这种线路中，欧姆表的刻度盘具有反向和不均匀刻度的特性：当被测电阻 $R_x = 0$ 时，刻度是指针满偏位置；当 $R_x \to \infty$ 时，刻度是指针零的位置；在电流接近零时，R_x 的变化对 I 的影响较小，刻度盘上刻线比较密；在电流接近满偏时，R_x 的变化对 I 的影响较大，刻度盘上刻线比较稀,当被测电阻 R_x 等于 R_0+R_l 时,$I_x=I_m/2$,表头指针恰好指在刻度盘中心,因而将此阻值称为中值电阻 R_m。显然中值电阻 R_m 越小,欧姆表右半部分的刻度值就越小,因此使用欧姆表测量电阻时主要使用刻度盘的右半部和中心附近。

欧姆表一般具有多个中值电阻,如 $R_m\times 1$、$R_m\times 10$、$R_m\times 100$ 等,为保证在各种中值电阻情况下,当 $R_x=0$ 时流过表头的电流均为表头的满偏电流 I_m,必须与表头并联分流电阻 R_{S1}、R_{S2}、R_{S3}。图 1-13 所示为一个具有三个中值电阻 $R_m\times 1$、$R_m\times 10$、$R_m\times 100$ 的欧姆表电路,图中,R_{S1}、R_{S2}、R_{S3} 为分流电阻,R_{l1}、R_{l2}、R_{l3} 为限流电阻,U_S 通常使用 1.5 V 的干电池,但该电池用久了电压 U_S 会逐渐下降,在测量相同数值的 R_x 时,流过表头的电流就会不一样,从而产生测量误差。为此,用一个可调电阻 R 与表头串联,在 U_S 降低时减小 R 值,以减小测量误差。所以在使用欧姆表测量电阻前,要先将 R 调到合适的数值。调节方法:将欧姆表的外接两端短路,调节可调电阻 R,使指针指向零刻度。这一操作称为"欧姆挡调零"。在使用欧姆表测量电阻时,必须首先进行"欧姆挡调零"。

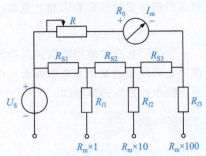

图 1-13 具有三个中值电阻的欧姆表电路

设计图 1-13 所示欧姆表电路的方法如下。

(1) 根据给定的 R_m、U_S、R 和 R_0、I_m 的值,计算出分流电阻 R_{S1}、R_{S2} 和 R_{S3}:

$$\frac{U_S}{R_m}-I_m\times R_{S1}=I_m\times(R+R_0+R_{S3}+R_{S2}) \quad (1-14)$$

$$\left(\frac{U_S}{10\times R_m}-I_m\right)\times(R_{S1}+R_{S2})=I_m\times(R+R_0+R_{S3}) \quad (1-15)$$

$$\left(\frac{U_S}{100\times R_m}-I_m\right)\times(R_{S1}+R_{S2}+R_{S3})=I_m\times(R+R_0) \quad (1-16)$$

解上述三个联立方程,可求得 R_{S1}、R_{S2} 和 R_{S3}。

(2) 计算三个限流电阻 R_{l1}、R_{l2} 和 R_{l3}。

由 $1\times R_m=R_{S1}//(R+R_0+R_{S3}+R_{S2})+R_{l1}$ 得出

$$R_{l1}=1\times R_m-R_{S1}//(R+R_0+R_{S3}+R_{S2})$$

同理:

$$R_{l2}=10\times R_m-(R_{S1}+R_{S2})//(R+R_0+R_{S3})$$
$$R_{l3}=100\times R_m-(R_{S1}+R_{S2}+R_{S3})//(R+R_0)$$

如设定:$U_S=1.5$ V,$R_m=12$ Ω,$R=100$ Ω,$R_0=160$ Ω,$I_m=1$ mA,上述分流电阻和限流电阻均可计算出来。

任务准备与要求

1. 仪器仪表及工具准备

(1) 恒压源[EEL-Ⅰ、Ⅱ、Ⅲ、Ⅳ均含在主控制屏上,根据用户的要求,可能有两种配置:+6 V(+5 V),+12 V,0~30 V 可调;双路 0~30 V 可调];

(2) EEL-23 组件(含电阻箱、固定电阻、电位器)或 EEL-51 组件;

(3) EEL-30 组件[含磁电式表头(1 mA、160 Ω)、倍压电阻和分流电阻、电位器]。

2. 教师准备

提前布置实训任务,让学生预习有关知识;按照预先的每 3 人分组,准备好实训材料和工

具,制定好实训程序和步骤,指导学生进行实训活动。

3. 学生准备

做好知识的预习与储备,提前研究欧姆表的制作方法,制定欧姆表电路的工作程序,严格遵照实训指导书的操作要求和注意事项,按照组内分工积极参与实训活动。

4. 安全与文明要求

学生听从指导教师的安排及指挥,不在操作台附近相互打闹;保护好电子仪器仪表及工具;遵守实训须知的安全与文明要求;严格按照工艺操作规程进行操作,操作中如发现故障,应立即停止操作并报告指导教师。

任务实施

1. 设计、制作欧姆表

参考图 1-13 所示电路,设定 $U_s=1.5$ V,$R_m=12$ Ω,$R=100$ Ω,$R_0=160$ Ω,$I_m=1$ mA,设计、制作具有三个中值电阻 $R_m×1$、$R_m×10$、$R_m×100$ 的欧姆表电路,其中,U_s 用恒压源的可调电压输出端,R 用 100 Ω 的电位器,分流电阻和限流电阻均用电阻箱中的电阻。

2. 绘制刻度盘并校验欧姆表

用制作的欧姆表测量电阻箱中的 12 Ω、120 Ω 和 1 200 Ω 的电阻,检查指针是否在表头刻度盘的中心,并用电阻箱的不同电阻值,绘制欧姆表的刻度盘。

点拨

1. 磁电式表头有正、负两个连接端,电路中一定要保证电流从正端流入,否则,指针将反转。

2. 欧姆表的表头和分流电阻要可靠连接,不允许分流电阻断开。

任务评价

测评内容	配分	评分标准	操作时间/min	扣分	得分
设计、制作欧姆表	40	1. 测试数据全错,扣 40 分; 2. 测试数据错误 1~5 处,每处扣 8 分	40		
绘制刻度盘并校验欧姆表	40	1. 测试数据全错,扣 40 分; 2. 测试数据错误 1~5 处,每处扣 8 分	40		
安全文明操作	10	违反安全生产规程,视现场具体违规情况扣分			
定额时间 (80 min)	10	开始时间 ( ) 结束时间 ( )	每超时 2 min 扣 5 分		
合计总分	100				

任务反思

1. 欧姆表的刻度盘为什么具有反向和不均匀刻度的特性?
2. 什么是中值电阻?当被测电阻等于中值电阻时,表头指针在什么位置?
3. 根据要求,设计欧姆表的测量电路,并计算出分流电阻和限流电阻。

子任务 5　电阻元件伏安特性的测试

任务目的

1. 学会线性电阻元件、非线性电阻元件伏安特性的逐点测试法；
2. 学会恒电源、直流电压表、电流表的使用方法。

任务说明

电阻

任一两端电阻元件的特性可用该元件上的端电压 U 与通过该元件的电流 I 之间的函数关系 $U=f(I)$ 来表示，即用 U-I 平面上的一条曲线来表征，这条曲线称为该电阻元件（简称电阻）的伏安特性曲线。根据伏安特性的不同，电阻元件分为线性电阻元件和非线性电阻元件两大类。线性电阻元件的伏安特性曲线是一条通过坐标原点的直线，如图 1-14（a）所示，该直线的斜率只由电阻元件的电阻值 R 决定，其阻值为常数，与元件两端的电压 U 和通过该元件的电流 I 无关；非线性电阻元件的伏安特性是一条经过坐标原点的曲线，其阻值 R 不是常数，即在不同的电压作用下，电阻值是不同的，常见的非线性电阻如白炽灯丝、普通二极管、稳压二极管等，它们的伏安特性如图 1-14（b）～（d）所示。

绘制伏安特性曲线通常采用逐点测试法，即在不同的端电压作用下，测量出相应的电流，然后逐点绘制出伏安特性曲线，根据伏安特性曲线便可计算其电阻值。

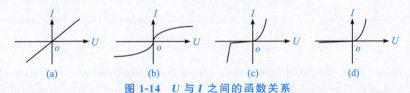

图 1-14　U 与 I 之间的函数关系

（a）线性电阻元件；（b）～（d）非线性电阻元件

任务准备与要求

1. 仪器仪表及工具准备

（1）直流数字电压表、直流数字电流表（EEL-06 组件或 EEL 系列主控制屏）；
（2）恒压源［EEL-Ⅰ、Ⅱ、Ⅲ、Ⅳ均含在主控制屏上，根据用户的要求，可能有两种配置：＋6 V（＋5 V），＋12 V，0～30 V 可调；双路 0～30 V 可调］；
（3）EEL-23 组件（含电阻箱、固定电阻、电位器）或 EEL-51 组件、EEL-52 组件。

2. 教师准备

提前布置实训任务，让学生预习有关知识；按照预先的每 3 人分组，准备好实训材料和工具，制定好实训程序和步骤，指导学生进行实训活动。

3. 学生准备

做好知识的预习与储备，提前研究线性电阻元件与非线性电阻元件的特性，制定测量电路的工作程序，严格遵照实训指导书的操作要求和注意事项，按照组内分工积极参与实训活动。

4. 安全与文明要求

学生听从指导教师的安排及指挥，不在操作台附近相互打闹；保护好电子仪器仪表及工具；遵守实训须知的安全与文明要求；严格按照工艺操作规程进行操作，操作中如发现故障，应立即停止操作并报告指导教师。

任务实施

1. 测定线性电阻元件的伏安特性

按图 1-15 接线，图中的电源 U 选用恒压源的可调稳压输出端，通过直流数字毫安表与 1 kΩ 线性电阻元件相连，电阻元件两端的电压用直流数字电压表测量。

调节恒压源（可调稳压电源）的输出电压 U，从 0 V 开始缓慢地增加（不能超过 10 V），在表 1-8 中记下相应的电压表和电流表的读数。

表 1-8　线性电阻元件伏安特性数据

U/V	0	2	4	6	8	10
I/mA						

2. 测定 6.3 V 白炽灯泡的伏安特性

将图 1-15 中的 1 kΩ 线性电阻元件换成一只 6.3 V 的灯泡，重复 1 的步骤，电压不能超过 6.3 V，在表 1-9 中记下相应的电压表和电流表的读数。

表 1-9　6.3 V 白炽灯泡伏安特性数据

U/V	0	1	2	3	4	5	6.3
I/mA							

3. 测定半导体二极管的伏安特性

按图 1-16 接线，R 为限流电阻，取 200 Ω（十进制可变电阻箱），二极管的型号为 1N4007。测二极管的正向特性时，其正向电流不得超过 25 mA，二极管 VD 的正向压降可在 0～0.75 V 之间取值。特别是在 0.5～0.75 V 之间更应该取几个测量点；测反向特性时，将可调稳压电源的输出端正、负连线互换，调节可调稳压输出电压 U，从 0 V 开始缓慢地增加（不能超过 −30 V），将数据分别记入表 1-10 和表 1-11 中。

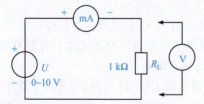
图 1-15　测定线性电阻元件的伏安特性

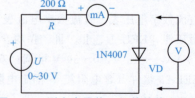
图 1-16　测定半导体二极管的伏安特性

表 1-10　二极管正向特性数据

U/V	0	0.2	0.4	0.45	0.5	0.55	0.60	0.65	0.70	0.75
I/mA										

表 1-11　二极管反向特性数据

U/V	0	−5	−10	−15	−20	−25	−30
I/mA							

4. 测定稳压管的伏安特性

将图 1-16 中的二极管 1N4007 换成稳压管 2CW51，重复 3 的步骤，其正、反向电流不得超过 ±20 mA，将数据分别记入表 1-12 和表 1-13 中。

表 1-12　稳压管正向特性数据

U/V	0	0.2	0.4	0.45	0.5	0.55	0.60	0.65	0.70	0.75
I/mA										

表 1-13　稳压管反向特性数据

U/V	0	−1	−1.5	−2	−2.5	−2.8	−3	−3.2	−3.5	−3.55
I/mA										

点拨

1. 测量时，可调稳压电源的输出电压由 0 V 缓慢、逐渐增加，应时刻注意电压表和电流表，不能超过规定值。
2. 稳压电源输出端切勿碰线短路。
3. 测量中，随时注意电流表读数，及时更换电流表量程，勿使仪表超量程。

任务评价

测评内容	配分	评分标准	操作时间/min	扣分	得分
测定线性电阻元件的伏安特性	20	1. 测试数据全错，扣 20 分； 2. 测试数据错误 1~5 处，每处扣 4 分	20		
测定 6.3 V 白炽灯泡的伏安特性	20	1. 测试数据全错，扣 20 分； 2. 测试数据错误 1~5 处，每处扣 4 分	20		
测定半导体二极管的伏安特性	20	1. 测试数据全错，扣 20 分； 2. 测试数据错误 1~5 处，每处扣 4 分	20		
测定稳压管的伏安特性	20	1. 测试数据全错，扣 20 分； 2. 测试数据错误 1~5 处，每处扣 4 分	20		
安全文明操作	10	违反安全生产规程，视现场具体违规情况扣分			
定额时间 (80 min)	10	开始时间（　　） 结束时间（　　）	每超时 2 min 扣 5 分		
合计总分	100				

任务反思

1. 线性电阻元件与非线性电阻元件的伏安特性有何区别？它们的电阻值与通过的电流有无关系？
2. 如何计算线性电阻元件与非线性电阻元件的电阻值？
3. 请举例说明哪些元件是线性电阻元件，哪些元件是非线性电阻元件，以及它们的伏安特性曲线是什么形状。

4. 设某电阻元件的伏安特性函数式为 $I = f(U)$，如何用逐点测试法绘制出伏安特性曲线？

子任务 6 未知电阻元件伏安特性的测试

任务目的

学会应用伏安法识别常用电阻元件类型的方法。

任务说明

任一电阻元件两端的电压 U 与通过该元件的电流 I 之间的函数关系为 $U = f(I)$，可用 U-I 平面上的一条伏安特性曲线来表示，根据伏安特性曲线的形状，电阻元件分为线性电阻和非线性电阻两大类。线性电阻元件的伏安特性曲线是一条通过坐标原点的直线，该直线的斜率只由电阻元件的电阻值 R 决定，其阻值为常数，与元件两端的电压 U 与通过该元件的电流 I 无关；非线性电阻元件的伏安特性是一条经过坐标原点的曲线，其阻值 R 不是常数，即在不同的电压作用下，电阻值是不同的，常见的非线性电阻如白炽灯丝、普通二极管、稳压二极管等。

识别常用电阻元件的类型，首先是采用逐点测试法绘制它们的伏安特性曲线，然后根据伏安特性曲线的形状，参考已知电阻元件的伏安特性曲线（图 1-14），可判断出未知电阻元件的类型，并且根据伏安特性曲线可以计算它们的电阻值。

任务准备与要求

1. 仪器仪表及工具准备

（1）直流数字电压表、直流数字电流表（EEL-06 组件或 EEL 系列主控制屏）；

（2）恒压源［EEL-Ⅰ、Ⅱ、Ⅲ、Ⅳ均含在主控制屏上，根据用户的要求，可能有两种配置：+6 V（+5 V），+12 V，0～30 V 可调；双路 0～30 V 可调］；

（3）EEL-30 组件（含未知元件 1～7）或 EEL-51 组件（含未知元件 1～5）。

2. 教师准备

提前布置实训任务，让学生预习有关知识；按照预先的每 3 人分组，准备好实训材料和工具，制定好实训程序和步骤，指导学生进行实训活动。

3. 学生准备

做好知识的预习与储备，掌握直流电压表、直流电流表的测量方法；提前分析伏安特性电路的构成及原理，严格遵照实训指导书的操作要求和注意事项，按照组内分工积极参与实训活动。

4. 安全与文明要求

学生听从指导教师的安排及指挥，不在操作台附近相互打闹；保护好电子仪器仪表及工具；遵守实训须知的安全与文明要求；严格按照工艺操作规程进行操作，操作中如发现故障，应立即停止操作并报告指导教师。

任务实施

1. 测定电阻元件 1 的伏安特性

按图 1-17 接线，图中的电源 U 选用恒压源的可调稳压电源输出端，通过直流数字毫安表与元件 1 相连，元件 1 两端的电压

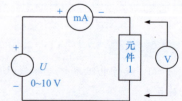

图 1-17 测定电阻元件 1 的伏安特性

用直流数字电压表测量。

(1) 测正向特性：调节可调稳压电源的输出电压 U，从 0 V 开始缓慢地增加（不能超过 10 V），在表 1-14 中记下相应的电压表和电流表的读数，电流限制在 100 mA 以内。

(2) 测反向特性：将可调稳压电源的输出端正、负连线互换，调节可调稳压电源的输出电压 U，从 0 V 开始缓慢地增加（不能超过 −10 V），在表 1-14 中记下相应的电压表和电流表的读数，电流限制在 −100 mA 以内。

表 1-14　电阻元件 1 伏安特性数据

U/V						0					
I/mA						0					

2. 测定电阻元件 2～5 的伏安特性

将图 1-17 中的元件 1 分别换成元件 2～5，重复 1 的步骤，在表 1-15 中记下相应的电压表和电流表的读数。

表 1-15　电阻元件 2～5 伏安特性数据

							0					
元件 2	U/V						0					
	I/mA						0					
元件 3	U/V						0					
	I/mA						0					
元件 4	U/V						0					
	I/mA						0					
元件 5	U/V						0					
	I/mA						0					

点拨

1. 测量时，可调稳压电源的输出电压由 0 V 缓慢、逐渐增加，应时刻注意电压表不能超过 ±10 V，电流表不超过 ±100 mA。
2. 稳压电源输出端切勿碰线短路。
3. 测量中，随时注意电流表读数，及时更换电流表量程，勿使仪表超量程。

任务评价

测评内容	配分	评分标准	操作时间/min	扣分	得分
测定电阻元件 1 的伏安特性	40	1. 测试数据全错，扣 40 分； 2. 测试数据错误 1～5 处，每处扣 8 分	40		
测定电阻元件 2～5 的伏安特性	40	1. 测试数据全错，扣 40 分； 2. 测试数据错误 1～5 处，每处扣 8 分	40		
安全文明操作	10	违反安全生产规程，视现场具体违规情况扣分			
定额时间 （80 min）	10	开始时间（　　） 结束时间（　　）	每超时 2 min 扣 5 分		

测评内容	配分	评分标准	操作时间/min	扣分	得分
合计总分	100				

任务反思

1. 线性电阻元件与非线性电阻元件的伏安特性有何区别？它们的电阻值如何计算？
2. 如何用伏安法识别未知电阻元件的类型？

子任务7　电位、电压的测定及电路电位图的测试

任务目的

1. 学会测量电路中各点电位和电压的方法，理解电位的相对性和电压的绝对性；
2. 学会电路电位图的测量、绘制方法；
3. 熟悉直流稳压电源、直流电压表的使用方法。

任务说明

在一个确定的闭合电路中，各点电位的大小视所选的电位参考点的不同而异，但任意两点之间的电压（两点之间的电位差）是不变的，这一性质称为电位的相对性和电压的绝对性。据此性质，可用一只电压表来测量电路中各点的电位及任意两点间的电压。

若以电路中的电位值作为纵坐标，电路中各点位置（电阻或电源）作为横坐标，将测量到的各点电位在该坐标平面中标出，并把标出点按顺序用直线条相连接，就可以得到电路的电位图，每一段直线段即表示该两点电位的变化情况。而且，任意两点的电位变化，即为该两点之间的电压。

在电路中，电位参考点可任意选定，对于不同的参考点，所绘出的电位图形是不同的，但其各点电位变化的规律是一样的。

任务准备与要求

1. 仪器仪表及工具准备

（1）直流数字电压表、直流数字毫安表（根据型号的不同，EEL-Ⅰ型为单独的 MEL-06 组件，其余型号含在主控制屏上）；

（2）恒压源［EEL-Ⅰ、Ⅱ、Ⅲ、Ⅳ均在主控制屏上，根据用户的要求，可能有两种配置：+6 V（+5 V），+12 V，0～30 V 可调；双路 0～30 V 可调］；

（3）EEL-30 组件（含电路）或 EEL-53 组件。

2. 教师准备

提前布置实训任务，让学生预习有关知识；按照预先的每 3 人分组，准备好实训材料和工具，制定好实训程序和步骤，指导学生进行实训活动。

3. 学生准备

做好知识的预习与储备，提前研究电压与电位的电路特点，制定测量电压与电位电路的工作程序，严格遵照实训指导书的操作要求和注意事项，按照组内分工积极参与实训活动。

4. 安全与文明要求

学生听从指导教师的安排及指挥,不在操作台附近相互打闹;保护好电子仪器仪表及工具;遵守实训须知的安全与文明要求;严格按照工艺操作规程进行操作,操作中如发现故障,应立即停止操作并报告指导教师。

任务实施

电路如图 1-18 所示,图中的电源 U_{S1} 用恒压源中的 +6 V(+5 V)输出端,U_{S2} 用 0~+30 V 可调电源输出端,并将输出电压调到 +12 V。

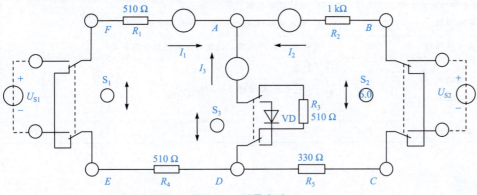

图 1-18 测量电路

1. 测量电路中各点电位

以图 1-18 中的 A 点作为电位参考点,分别测量 B、C、D、E、F 各点的电位。

用电压表的黑接线端插入 A 点,红接线端分别插入 B、C、D、E、F 各点进行测量,数据记入表 1-16。

以 D 点作为电位参考点,重复上述步骤,测得数据记入表 1-16。

2. 测量电路中相邻两点之间的电压值

在图 1-18 中,测量电压 U_{AB}:将电压表的红接线端插入 A 点,黑接线端插入 B 点,读电压表读数,记入表 1-16。按同样方法测量 U_{BC}、U_{CD}、U_{DE}、U_{EF} 及 U_{FA},测量数据记入表 1-16。

表 1-16 电路中各点电位和电压数据　　　　　　　　　　　　　　V

电位参考点	V_A	V_B	V_C	V_D	V_E	V_F	U_{AB}	U_{BC}	U_{CD}	U_{DE}	U_{EF}	U_{FA}
A	0											
D				0								

点拨

1. EEL-30 组件中的电路供多个通用,本次没有用到电流插头和插座。

2. 电路中使用的电源 U_{S2} 用 0~+30 V 可调电源输出端,应将输出电压调到 +12 V 后,再接入电路,并防止电源输出端短路。

3. 使用数字直流电压表测量电位时,用黑接线端插入参考电位点,红接线端插入各被测点,若显示正值,则表明该点电位为正(高于参考点电位);若显示负值,表明该点电位为负(低于参考点电位)。

4. 使用数字直流电压表测量电压时，红接线端插入被测电压参考方向的正（+）端，黑接线端插入被测电压参考方向的负（-）端，若显示正值，则表明电压参考方向与实际方向一致；若显示负值，则表明电压参考方向与实际方向相反。

任务评价

测评内容	配分	评分标准	操作时间/min	扣分	得分
测量电路中各点电位	40	1. 测试数据全错，扣40分； 2. 测试数据错误1~5处，每处扣8分	40		
测量电路中相邻两点之间的电压值	40	1. 测试数据全错，扣40分； 2. 测试数据错误1~5处，每处扣8分	40		
安全文明操作	10	违反安全生产规程，视现场具体违规情况扣分			
定额时间 （80 min）	10	开始时间（　　） 结束时间（　　）	每超时2 min扣5分		
合计总分	100				

任务反思

1. 电位参考点不同，各点电位是否相同？任两点的电压是否相同？为什么？
2. 在测量电位、电压时，为何数据前会出现±号？它们各表示什么意义？
3. 什么是电位图形？不同的电位参考点电位图形是否相同？如何利用电位图形求出各点的电位和任意两点之间的电压？

任务 2　工业现场应急灯照明电路的测试

子任务 1　基尔霍夫定律的测试

任务目的

1. 熟悉基尔霍夫定律，加深对基尔霍夫定律的理解；
2. 学会直流电流表的使用方法及用电流插头、插座测量各支路电流的方法；
3. 学会检查、分析电路的简单故障。

任务说明

1. 基尔霍夫定律

基尔霍夫电流定律

基尔霍夫电流定律和电压定律是电路的基本定律，它们分别用来描述结点电流和回路电压，即对电路中的任一结点而言，在设定电流的参考方向下，应有 $\sum I = 0$，一般流出结点的电流取正号，流入结点的电流取负号；对任何一个闭合回路而言，在设定电压的参考方向下，绕行一周，应有 $\sum U = 0$，一般电压方向与绕行方向一致的电压取正号，电压方向与绕行方向相反的电压取负号。

需要设定电路中所有电流、电压的参考方向，其中电阻上的电压方向应与电流方向一致，如图 1-18 所示。

2. 检查、分析电路的简单故障

电路常见的简单故障一般出现在连线部分或元件部分。连线部分的故障通常有连线接错、接触不良而造成的断路等；元件部分的故障通常有接错元件、元件值错、电源输出数值（电压或电流）错等。

故障检查的方法是用万用表（电压挡或电阻挡）或电压表在通电或断电状态下检查电路故障。

(1) 通电检查法：在接通电源的情况下，用万用表的电压挡或电压表，根据电路工作原理，如果电路某两点应该有电压，电压表测不出电压，或者某两点不应该有电压，而电压表测出了电压，或者所测电压值与电路原理不符，则故障必然出现在此两点间。

(2) 断电检查法：在断开电源的情况下，用万用表的电阻挡，根据电路工作原理，如果电路某两点应该导通而无电阻（或电阻极小），万用表测出开路（或电阻极大），或者某两点应该开路（或电阻极大），而测得的结果为短路（或电阻极小），则故障必然出现在此两点间。

本任务用电压表按通电检查法检查、分析电路的简单故障。

任务准备与要求

1. 仪器仪表及工具准备

(1) 直流数字电压表、直流数字毫安表（根据型号的不同，EEL-Ⅰ型为单独的 MEL-06 组件，其余型号含在主控制屏上）；

(2) 恒压源〔EEL-Ⅰ、Ⅱ、Ⅲ、Ⅳ、Ⅴ均含在主控制屏上，根据用户的要求，可能有两种配置：+6 V（+5 V），+12 V，0～30 V 可调；双路 0～30 V 可调〕；

（3）EEL-30 组件（含电路）或 EEL-53 组件。

2. 教师准备

提前布置实训任务，让学生预习有关知识；按照预先的每 3 人分组，准备好实训材料和工具，制定好实训程序和步骤，指导学生进行实训活动。

3. 学生准备

做好知识的预习与储备，提前研究电压与支路电流的电路特点，制定测量电压与支路电流的电路工作程序，严格遵照实训指导书的操作要求和注意事项，按照组内分工积极参与实训活动。

4. 安全与文明要求

学生听从指导教师的安排及指挥，不在操作台附近相互打闹；保护好电子仪器仪表及工具；遵守实训须知的安全与文明要求；严格按照工艺操作规程进行操作，操作中如发现故障，应立即停止操作并报告指导教师。

任务实施

电路如图 1-18 所示，图中的电源 U_{S1} 用恒压源中的 +6 V（+5 V）输出端，U_{S2} 用 0～+30 V 可调电压输出端，并将输出电压调到 +12 V（以直流数字电压表读数为准）。首先设定三条支路的电流参考方向，如图中的 I_1、I_2、I_3 所示，并熟悉线路结构，掌握各开关的操作使用方法。

（1）熟悉电流插头的结构，将电流插头的红接线端插入数字毫安表的红（正）接线端，电流插头的黑接线端插入数字毫安表的黑（负）接线端。

（2）测量支路电流。将电流插头分别插入三条支路的三个电流插座中，读出各个电流值。按规定：在结点 A，电流表读数为"+"，表示电流流出结点，电流表读数为"−"，表示电流流入结点，然后根据图 1-18 中的电流参考方向，确定各支路电流的正、负号，并记入表 1-17。

表 1-17 支路电流数据

支路电流	I_1	I_2	I_3
计算值/mA			
测量值/mA			
相对误差			

（3）测量元件电压。用直流数字电压表分别测量两个电源及电阻元件上的电压值，将数据记入表 1-18。测量时电压表的红（正）接线端应插入被测电压参考方向的高电位（正）端，黑（负）接线端插入被测电压参考方向的低电位（负）端。

表 1-18 各元件电压数据

各元件电压	U_{S1}	U_{S2}	U_{R1}	U_{R2}	U_{R3}	U_{R4}	U_{R5}
计算值/V							
测量值/V							
相对误差							

（4）检查、分析电路的简单故障。在图 1-18 所示电路中，使用选择开关已设置了开路、短路、元件值错误、电源值错误等故障，用电压表按通电检查法检查、分析电路的简单故障：首先

用选择开关选择"正常",在单电源作用下,测量各段电压,记入自拟的表格,然后分别选择"故障1~5",测量对应各段电压,与"正常"时的电压比较,并将分析结果记入表1-19。

表 1-19 故障原因

故障 1	故障 2	故障 3	故障 4	故障 5

点拨

1. 所有需要测量的电压值,均以电压表测量的读数为准,不以电源表盘指示值为准。
2. 防止电源两端碰线短路。
3. 若用指针式电流表进行测量,要识别电流插头所接电流表的"＋""－"极性,倘若不换接极性,则电流表指针可能反偏(电流为负值时),此时必须调换电流表极性,重新测量,这时指针正偏,但读得的电流值必须冠以负号。

任务评价

测评内容	配分	评分标准	操作时间/min	扣分	得分
测量支路电流	40	1. 测试数据全错,扣 40 分; 2. 测试数据错误 1~5 处,每处扣 8 分	40		
测量元件电压	30	1. 测试数据全错,扣 30 分; 2. 测试数据错误 1~5 处,每处扣 6 分	40		
检查、分析电路的简单故障	10	1. 故障全错,扣 10 分; 2. 故障错误 1~5 处,每处扣 2 分	10		
安全文明操作	10	违反安全生产规程,视现场具体违规情况扣分			
定额时间 (90 min)	10	开始时间（　　） 结束时间（　　）	每超时 2 min 扣 5 分		
合计总分	100				

任务反思

1. 根据图 1-18 所示的电路参数,计算出待测的电流 I_1、I_2、I_3 和各电阻上的电压值,记入表 1-17 和表 1-18,以便测量时,可正确地选定毫安表和电压表的量程。
2. 在图 1-18 所示的电路中,A、D 两结点的电流方程是否相同?为什么?
3. 在图 1-18 所示的电路中可以列几个电压方程?它们与绕行方向有无关系?
4. 在图 1-18 所示的电路中,若用指针万用表直流毫安挡测各支路电流,什么情况下可能出现毫安表指针反偏?应如何处理,在记录数据时应注意什么?若用直流数字毫安表进行测量,则会有什么显示呢?

子任务 2　线性电路叠加性和齐次性的测试

任务目的

1. 熟悉叠加原理的应用场合；
2. 学会线性电路的叠加性和齐次性的应用。

任务说明

叠加原理指出：在由几个电源共同作用下的线性电路中，通过每一个元件的电流或其两端的电压，可以看成由每一个电源单独作用时在该元件上所产生的电流或电压的代数和。具体方法：一个电源单独作用时，其他电源必须去掉（电压源短路，电流源开路）；在求电流或电压的代数和时，若电源单独作用时电流或电压的参考方向与共同作用时的参考方向一致，符号取正，否则取负。在图 1-19 中：

$$I_1 = I_1' - I_1'' \tag{1-17}$$

$$I_2 = -I_2' + I_2'' \tag{1-18}$$

$$I_3 = I_3' + I_3'' \tag{1-19}$$

$$U = U' + U'' \tag{1-20}$$

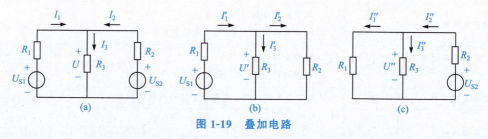

图 1-19　叠加电路

叠加原理反映了线性电路的叠加性，线性电路的齐次性是指当激励信号（如电源作用）增加或减小 K 倍时，电路的响应（在电路其他各电阻元件上所产生的电流值和电压值）也将增加或减小 K 倍。叠加性和齐次性都只适用于求解线性电路中的电流、电压。对于非线性电路，叠加性和齐次性都不适用。

任务准备与要求

1. 仪器仪表及工具准备

（1）直流数字电压表、直流数字毫安表（根据型号的不同，EEL-Ⅰ型为单独的 MEL-06 组件，其余型号含在主控制屏上）；

（2）恒压源［EEL-Ⅰ、Ⅱ、Ⅲ、Ⅳ均含在主控制屏上，根据用户的要求，可能有两种配置：+6 V（+5 V），+12 V，0～30 V 可调；双路 0～30 V 可调］；

（3）EEL-30 组件（含电路）或 EEL-53 组件。

2. 教师准备

提前布置实训任务，让学生预习有关知识；按照预先的每 3 人分组，准备好实训材料和工具，制定好实训程序和步骤，指导学生进行实训活动。

3. 学生准备

做好知识的预习与储备，提前研究叠加原理电路特点，制定测量叠加电路的工作程序，严格遵照实训指导书的操作要求和注意事项，按照组内分工积极参与实训活动。

4. 安全与文明要求

学生听从指导教师的安排及指挥，不在操作台附近相互打闹；保护好电子仪器仪表及工具；遵守实训须知的安全与文明要求；严格按照工艺操作规程进行操作，操作中如发现故障，应立即停止操作并报告指导教师。

任务实施

电路如图 1-18 所示，图中 $R_1=R_3=R_4=510\ \Omega$，$R_2=1\ \text{k}\Omega$，$R_5=330\ \Omega$，电源 U_{S1} 用恒压源中的 +12 V 输出端，U_{S2} 用 0～+30 V 可调电压输出端，并将输出电压调到 +6 V（以直流数字电压表读数为准），将开关 S_3 投向 R_5 侧。

(1) U_{S1} 电源单独作用（将开关 S_1 投向 U_{S1} 侧，开关 S_2 投向短路侧），参考图 1-19（b），画出电路图，标明各电流、电压的参考方向。

用直流数字毫安表接电流插头测量各支路电流：将电流插头的红接线端插入数字毫安表的红（正）接线端，电流插头的黑接线端插入数字毫安表的黑（负）接线端，测量各支路电流，按规定：在结点 A，电流表读数为"+"，表示电流流出结点；读数为"-"，表示电流流入结点，然后根据电路中的电流参考方向，确定各支路电流的正、负号，并将数据记入表 1-20。

用直流数字电压表测量各电阻元件两端电压：电压表的红（正）接线端插入被测电阻元件电压参考方向的正端，电压表的黑（负）接线端插入电阻元件的另一端（电阻元件电压参考方向与电流参考方向一致），测量各电阻元件两端电压，数据记入表 1-20。

表 1-20　数据一

内容＼测量项目	U_{S1}/V	U_{S2}/V	I_1/mA	I_2/mA	I_3/mA	U_{AB}/V	U_{CD}/V	U_{AD}/V	U_{DE}/V	U_{FA}/V
U_{S1} 单独作用	12	0								
U_{S2} 单独作用	0	6								
U_{S1}，U_{S2} 共同作用	12	6								
U_{S2} 单独作用	0	12								

(2) U_{S2} 电源单独作用（将开关 S_1 投向短路侧，开关 S_2 投向 U_{S2} 侧），参考图 1-19（c），画出电路图，标明各电流、电压的参考方向。

重复步骤 1 的测量并将数据记入表 1-20。

(3) U_{S1} 和 U_{S2} 共同作用时（开关 S_1 和 S_2 分别投向 U_{S1} 和 U_{S2} 侧），各电流、电压的参考方向如图 1-18 所示。

完成上述电流、电压的测量并将数据记入表 1-20。

(4) 将 U_{S2} 的数值调至 +12 V，重复第 2 步的测量，并将数据记入表 1-20。

(5) 将开关 S_3 投向二极管 VD 侧，即电阻 R_5 换成一只二极管 1N4007，重复步骤 1～4 的测量过程，并将数据记入表 1-21。

表 1-21 数据二

测量项目 内容	U_{S1}/V	U_{S2}/V	I_1/mA	I_2/mA	I_3/mA	U_{AB}/V	U_{CD}/V	U_{AD}/V	U_{DE}/V	U_{FA}/V
U_{S1} 单独作用	12	0								
U_{S2} 单独作用	0	6								
U_{S1},U_{S2} 共同作用	12	6								
U_{S2} 单独作用	0	12								

点拨

1. 用电流插头测量各支路电流时,应注意仪表的极性,以及数据表格中"＋""—"号的记录。

2. 注意仪表量程的及时更换。

3. 电源单独作用时,去掉另一个电压源,只能在板上用开关 K_1 或 K_2 操作,而不能直接将电源短路。

任务评价

测评内容	配分	评分标准	操作时间/min	扣分	得分
U_{S1} 电源单独作用	20	1. 测试数据全错,扣20分; 2. 测试数据错误1~5处,每处扣4分	20		
U_{S2} 电源单独作用	20	1. 测试数据全错,扣20分; 2. 测试数据错误1~5处,每处扣4分	20		
U_{S1} 和 U_{S2} 共同作用	20	1. 测试数据全错,扣20分; 2. 测试数据错误1~5处,每处扣4分	20		
将 U_{S2} 的数值调至＋12 V	10	1. 测试数据全错,扣10分; 2. 测试数据错误1~5处,每处扣2分	20		
将开关 S_3 投向二极管 VD 侧	10	1. 测试数据全错,扣10分; 2. 测试数据错误1~5处,每处扣2分	10		
安全文明操作	10	违反安全生产规程,视现场具体违规情况扣分			
定额时间 （90 min）	10	开始时间（　　） 结束时间（　　）	每超时 2 min 扣 5 分		
合计总分	100				

任务反思

1. 叠加原理中 U_{S1}、U_{S2} 分别单独作用,在电路中应如何操作?可否将要去掉的电源（U_{S1} 或 U_{S2}）直接短接?

2. 在电路中,若有一个电阻元件改为二极管,试问叠加性与齐次性还成立吗?为什么?

子任务 3 电压源、电流源及其电源等效变换的测试

任务目的

1. 熟悉建立电源模型的方法；
2. 学会电源外特性的测试方法；
3. 理解电压源和电流源的特性；
4. 熟悉电源模型等效变换的条件。

任务说明

1. 电压源和电流源

电压源具有端电压保持恒定不变，而输出电流的大小由负载决定的特性。其外特性，即端电压 U 与输出电流 I 的关系 $U=f(I)$ 是一条平行于 I 轴的直线。在实验中使用的恒压源在规定的电流范围内，具有很小的内阻，可以将它视为一个电压源。

电流源具有输出电流保持恒定不变，而端电压的大小由负载决定的特性。其外特性，即输出电流 I 与端电压 U 的关系 $I=f(U)$ 是一条平行于 U 轴的直线。在实验中使用的恒流源在规定的电流范围内，具有极大的内阻，可以将它视为一个电流源。

2. 实际电压源和实际电流源

实际上任何电源内部都存在电阻，通常称为内阻。因而，实际电压源可以用一个内阻 R_S 和电压源 U_S 串联表示，其端电压 U 随输出电流 I 增大而减小。在实验中，可以用一个小阻值的电阻与恒压源相串联来模拟一个实际电压源。

实际电流源用一个内阻 R_S 和电流源 I_S 并联表示，其输出电流 I 随端电压 U 增大而减小。在实验中，可以用一个大阻值的电阻与恒流源相并联来模拟一个实际电流源。

3. 实际电压源和实际电流源的等效互换

一个实际的电源，就其外部特性而言，既可以看成一个电压源，又可以看成一个电流源。若视为电压源，则可用一个电压源 U_S 与一个电阻 R_S 相串联表示；若视为电流源，则可用一个电流源 I_S 与一个电阻 R_S 相并联来表示。若它们向同样大小的负载供出同样大小的电流和端电压，则称这两个电源是等效的，即具有相同的外特性。

实际电压源与实际电流源等效变换的条件如下所述。

(1) 实际电压源与实际电流源的内阻均为 R_S。

(2) 已知实际电压源的参数为 U_S 和 R_S，则实际电流源的参数为 $I_S=\dfrac{U_S}{R_S}$ 和 R_S；若已知实际电流源的参数为 I_S 和 R_S，则实际电压源的参数为 $U_S=I_S R_S$ 和 R_S。

任务准备与要求

1. 仪器仪表及工具准备

(1) 直流数字电压表、直流数字毫安表（根据型号的不同，EEL-Ⅰ型为单独的 MEL-06 组件，其余型号含在主控制屏上）；

(2) 恒压源［EEL-Ⅰ、Ⅱ、Ⅲ、Ⅳ均含在主控制屏上，根据用户的要求，可能有两种配置：+6 V（+5 V），+12 V，0～30 V 可调；双路 0～30 V 可调］；

(3) 恒源流（0～500 mA 可调）；

(4) EEL-23 组件（含固定电阻、电位器）或 EEL-51 组件、EEL-52 组件。

2. 教师准备

提前布置实训任务，让学生预习有关知识；按照预先的每 3 人分组，准备好实训材料和工具，制定好实训程序和步骤，指导学生进行实训活动。

3. 学生准备

做好知识的预习与储备，提前研究电压源与电流源的电路特点，制定测量电压源与电流源电路的工作程序，严格遵照实训指导书的操作要求和注意事项，按照组内分工积极参与实训活动。

4. 安全与文明要求

学生听从指导教师的安排及指挥，不在操作台附近相互打闹；保护好电子仪器仪表及工具；遵守实训须知的安全与文明要求；严格按照工艺操作规程进行操作，操作中如发现故障，应立即停止操作并报告指导教师。

任务实施

1. 测定电压源（恒压源）与实际电压源的外特性

电路如图 1-20 所示，图中的电源 U_S 用恒压源中的 +6 V（+5 V）输出端，R_1 取 200 Ω 的固定电阻，R_2 取 470 Ω 的电位器。调节电位器 R_2，令其阻值由大至小变化，将电流表、电压表的读数记入表 1-22。

表 1-22 电压源（恒压源）外特性数据

I/mA						
U/V						

在图 1-20 所示电路中，将电压源改成实际电压源，如图 1-21 所示，图中内阻 R_S 取 51 Ω 的固定电阻，调节电位器 R_2，令其阻值由大至小变化，将电流表、电压表的读数记入表 1-23。

表 1-23 实际电压源外特性数据

I/mA						
U/V						

图 1-20 测定电压源电路　　图 1-21 实际电压源外特性电路

2. 测定电流源（恒流源）与实际电流源的外特性

按图 1-22 接线，图中 I_S 为恒流源，调节其输出为 5 mA（用毫安表测量），R_2 取 470 Ω 的电位器，在 R_S 分别为 1 kΩ 和 ∞ 两种情况下，调节电位器 R_2，令其阻值由大至小变化，将电流表、电压表的读数记入自拟的数据表格。

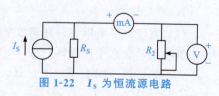

图 1-22　I_S 为恒流源电路

3. 研究电源等效变换的条件

按图 1-23 电路接线，图中的内阻 R_S 均为 51 Ω，负载电阻 R 均为 200 Ω。

在图 1-23（a）所示电路中，U_S 用恒压源中的 +6 V 输出端，记录电流表、电压表的读数。然后调节图 1-23（b）所示电路中的恒流源 I_S，令两表的读数与图 1-23（a）的数值相等，记录 I_S 的值，验证等效变换条件的正确性。

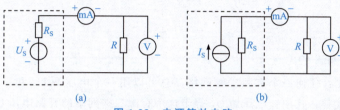

图 1-23 电源等效电路

点拨

1. 在测电压源外特性时，不要忘记测空载（$I=0$）时的电压值；在测电流源外特性时，不要忘记测短路（$U=0$）时的电流值，注意恒流源负载电压不可超过 20 V，负载更不可开路。
2. 换接线路时，必须关闭电源开关。
3. 直流仪表的接入应注意极性与量程。

任务评价

测评内容	配分	评分标准	操作时间/min	扣分	得分
测定电压源（恒压源）与实际电压源的外特性	30	1. 测试数据全错，扣 30 分； 2. 测试数据错误 1～5 处，每处扣 6 分	30		
测定电流源（恒流源）与实际电流源的外特性	30	1. 测试数据全错，扣 30 分； 2. 测试数据错误 1～5 处，每处扣 6 分	30		
研究电源等效变换的条件	20	1. 测试数据全错，扣 20 分； 2. 测试数据错误 1～5 处，每处扣 4 分	30		
安全文明操作	10	违反安全生产规程，视现场具体违规情况扣分			
定额时间（90 min）	10	开始时间（　　）结束时间（　　）	每超时 2 min 扣 5 分		
合计总分	100				

任务反思

1. 电压源的输出端为什么不允许短路？电流源的输出端为什么不允许开路？
2. 说明电压源和电流源的特性，其输出是否在任何负载下都能保持恒定值？
3. 实际电压源与实际电流源的外特性为什么呈下降变化趋势？下降的快慢受哪个参数影响？
4. 实际电压源与实际电流源等效变换的条件是什么？所谓"等效"是对谁而言的？电压源与电流源能否等效变换？

子任务 4　戴维南定理——有源二端网络等效参数的测试

任务目的

1. 熟悉戴维南定理、诺顿定理，加深对这些定理的理解；
2. 学会测量有源二端网络等效参数的一般方法。

任务说明

1. 戴维南定理和诺顿定理

戴维南定理指出：任何一个有源二端网络，总可以用一个电压源 U_S 和一个电阻 R_S 串联组成的实际电压源来代替。其中：电压源 U_S 等于这个有源二端网络的开路电压 U_{OC}，内阻 R_S 等于该网络中所有独立电源均置零（电压源短接、电流源开路）后的等效电阻 R_0。

诺顿定理指出：任何一个有源二端网络，总可以用一个电流源 I_S 和一个电阻 R_S 并联组成的实际电流源来代替。其中：电流源 I_S 等于这个有源二端网络的短路电流 I_{SC}，内阻 R_S 等于该网络中所有独立电源均置零（电压源短接、电流源开路）后的等效电阻 R_0。

U_S、R_S 和 I_S、R_S 称为有源二端网络的等效参数。

2. 有源二端网络等效参数的测量方法

（1）开路电压、短路电流法。在有源二端网络输出端开路时，用电压表直接测量其输出端的开路电压 U_{OC}，然后将其输出端短路，测其短路电流 I_{SC}，且内阻为

$$R_S = \frac{U_{OC}}{I_{SC}} \tag{1-21}$$

若有源二端网络的内阻值很低，则不宜测其短路电流。

（2）伏安法。

1）一种方法是用电压表、电流表测出有源二端网络的外特性曲线，如图 1-24 所示。开路电压为 U_{OC}，根据外特性曲线求出斜率 $\tan\phi$，则内阻为

$$R_S = \tan\phi = \frac{\Delta U}{\Delta I} \tag{1-22}$$

2）另一种方法是测量有源二端网络的开路电压 U_{OC}，以及额定电流 I_N 和对应的输出端额定电压 U_N，如图 1-24 所示，则内阻为

$$R_S = \frac{U_{OC} - U_N}{I_N} \tag{1-23}$$

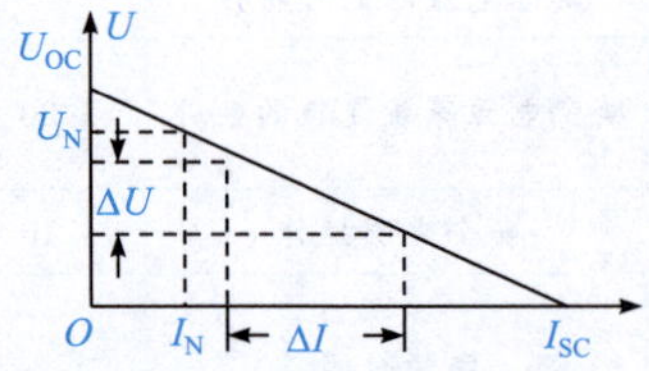

图 1-24　有源二端网络的外特性曲线

（3）半电压法。如图 1-25 所示，当负载电压为被测网络开路电压 U_{OC} 一半时，负载电阻 R_L 的大小（由电阻箱的读数确定）即为被测有源二端网络的等效内阻 R_S 的数值。

（4）零示测量法。在测量具有高内阻有源二端网络的开路电压时，用电压表进行直接测量会造成较大的误差，为了消除电压表内阻的影响，往往采用零示测量法，如图 1-26 所示。零示测量法原理是用一个低内阻的恒压源与被测有源二端网络进行比较，当恒压源的输出电压与有源二端网络的开路电压相等时，电压表的读数将为"0"，然后将电路断开，测量此时恒压源的输出电压 U，即为被测有源二端网络的开路电压。

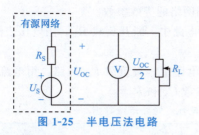
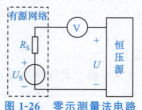

图 1-25　半电压法电路　　　　图 1-26　零示测量法电路

任务准备与要求

1. 仪器仪表及工具准备

（1）直流数字电压表、直流数字毫安表（根据型号的不同，EEL-Ⅰ型为单独的 MEL-06 组件，其余型号含在主控制屏上）；

（2）恒压源［EEL-Ⅰ、Ⅱ、Ⅲ、Ⅳ均含在主控制屏上，根据用户的要求，可能有两种配置：+6 V（+5 V），+12 V，0～30 V 可调；双路 0～30 V 可调］；

（3）恒源流（0～500 mA 可调）；

（4）EEL-23 组件或 EEL-18 组件（含固定电阻、电位器）、EEL-30 组件或 EEL-51 组件、EEL-52 组件。

2. 教师准备

提前布置实训任务，让学生预习有关知识；按照预先的每 3 人分组，准备好实训材料和工具，制定好实训程序和步骤，指导学生进行实训活动。

3. 学生准备

做好知识的预习与储备，提前研究有源电路与无源电路的特点，制定测量有源电路与无源电路的工作程序，严格遵照实训指导书的操作要求和注意事项，按照组内分工积极参与实训活动。

4. 安全与文明要求

学生听从指导教师的安排及指挥，不在操作台附近相互打闹；保护好电子仪器仪表及工具；遵守实训须知的安全与文明要求；严格按照工艺操作规程进行操作，操作中如发现故障，应立即停止操作并报告指导教师。

任务实施

被测有源二端网络选用 EEL-30 组件中的网络 1，并与负载电阻 R_L（用电阻箱）连接，如图 1-27（a）所示。

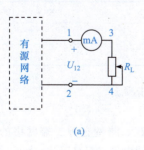
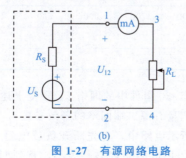

　（a）　　　　　　　　　（b）　　　　　　　　　（c）

图 1-27　有源网络电路

项目 1　工业现场基本电路的测试

(1) 开路电压、短路电流法测量有源二端网络的等效参数。

1) 测开路电压 U_{OC}：在图 1-27（a）所示电路中，断开负载 R_L，用电压表测量 1、2 两端电压，将数据记入表 1-24。

2) 测短路电流 I_{SC}：在图 1-27（a）所示电路中，将负载 R_L 短路，用电流表测量电流，将数据记入表 1-24。计算有源二端网络的等效参数 U_S 和 R_S。

表 1-24　开路电压、短路电流数据

U_{OC}/V	I_{SC}/mA	$R_S=U_{OC}/I_{SC}$

(2) 伏安法测量有源二端网络的等效参数。测量有源二端网络的外特性：在图 1-27（a）所示电路中，用电阻箱改变负载电阻 R_L 的阻值，逐点测量对应的电压、电流，将数据记入表 1-25。计算有源二端网络的等效参数 U_S 和 R_S。

表 1-25　有源二端网络外特性数据

R_L/Ω	990	900	800	700	600	500	400	300	200	100
U_{12}/V										
I/mA										

(3) 验证有源二端网络等效定理。

1) 绘制有源二端网络外特性曲线：根据表 1-25 中的数据绘制有源二端网络外特性曲线。

2) 测量有源二端网络等效电压源的外特性：图 1-27（b）所示电路是图 1-27（a）所示电路的等效电压源电路，图中，电压源 U_S 用恒压源的可调稳压输出端，调整到表 1-24 中的 U_{OC} 数值，内阻 R_S 按表 1-24 中计算出来的 R_S（取整）选取固定电阻。然后，用电阻箱改变负载电阻 R_L 的阻值，逐点测量对应的电压、电流，将数据记入表 1-26。

表 1-26　有源二端网络等效电压源的外特性数据

R_L/Ω	990	900	800	700	600	500	400	300	200	100
U_{12}/V										
I/mA										

3) 测量有源二端网络等效电流源的外特性：图 1-27（c）所示电路是图 1-27（a）所示电路的等效电流源电路，图中，电流源 I_S 用恒流源，并调整到表 1-24 中的 I_{SC} 数值，内阻 R_S 按表 1-24 中计算出来的 R_S（取整）选取固定电阻。然后，用电阻箱改变负载电阻 R_L 的阻值，逐点测量对应的电压、电流，将数据记入表 1-27。

表 1-27　有源二端网络等效电流源的外特性数据

R_L/Ω	990	900	800	700	600	500	400	300	200	100
U_{12}/V										
I/mA										

(4) 被测有源二端网络选用 EEL-30 组件中的网络 2，重复上述步骤。

(5) 用半电压法和零示测量法测量有源二端网络的等效参数。

1) 半电压法：在图 1-27（a）所示电路中，首先断开负载电阻 R_L，测量有源二端网络的开路电压 U_{OC}，然后接入负载电阻 R_L，用电阻箱调整其大小，直到两端电压等于 $U_{OC}/2$ 为止，此

时负载电阻 R_L 的大小即为等效电源的内阻 R_S 的数值。记录 U_{OC} 和 R_S 数值。

2）零示测量法测开路电压 U_{OC}：电路如图 1-26 所示，其中，有源二端网络选用 EEL-30 组件中的网络 1，恒压源用可调稳压输出端，调整输出电压 U，观察电压表数值，当其等于零时输出电压 U 的数值即为有源二端网络的开路电压 U_{OC}，并记录 U_{OC} 数值。

点拨

1. 测量时，注意电流表量程的更换。
2. 改接线路时，要关掉电源。

任务评价

测评内容	配分	评分标准	操作时间/min	扣分	得分
开路电压、短路电流法	40	1. 测试数据全错，扣 40 分； 2. 测试数据错误 1～5 处，每处扣 8 分	40		
伏安法测量	30	1. 测试数据全错，扣 30 分； 2. 测试数据错误 1～5 处，每处扣 6 分	30		
验证有源二端网络	10	1. 测试数据全错，扣 10 分； 2. 测试数据错误 1～5 处，每处扣 2 分	20		
安全文明操作	10	违反安全生产规程，视现场具体违规情况扣分			
定额时间 （90 min）	10	开始时间（　　） 结束时间（　　）	每超时 2 min 扣 5 分		
合计总分	100				

任务反思

1. 如何测量有源二端网络的开路电压和短路电流？在什么情况下不能直接测量开路电压和短路电流？
2. 说明测量有源二端网络开路电压及等效内阻的几种方法，并比较其优缺点。

子任务 5　最大功率传输条件的测试

任务目的

1. 熟悉阻抗匹配，掌握最大功率传输的条件；
2. 学会根据电源外特性设计实际电源模型的方法。

任务说明

电源向负载供电的电路如图 1-28 所示，图中 R_S 为电源内阻，R_L 为负载电阻。当电路电流为 I 时，负载 R_L 得到的功率为

$$P_L = I^2 R_L = \left(\frac{U_S}{R_S + R_L}\right)^2 \times R_L \qquad (1\text{-}24)$$

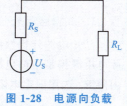

图 1-28　电源向负载供电的电路

可见，当电源 U_S 和 R_S 确定后，负载得到的功率大小只与负载电阻 R_L 有关。

令 $\dfrac{\mathrm{d}P_L}{\mathrm{d}R_L}=0$，当 $R_L=R_S$ 时，负载得到最大功率：

$$P_L=P_{L\max}=\dfrac{U_S^2}{4R_S} \tag{1-25}$$

$R_L=R_S$ 称为阻抗匹配，即电源的内阻抗（或内电阻）与负载阻抗（或负载电阻）相等时，负载可以得到最大功率。也就是说，最大功率传输的条件是供电电路必须满足阻抗匹配。

负载得到最大功率时电路的效率：

$$\eta=\dfrac{P_L}{U_S I}=50\% \tag{1-26}$$

负载得到的功率用电压表、电流表测量。

任务准备与要求

1. 仪器仪表及工具准备

（1）直流数字电压表、直流数字毫安表（根据型号的不同，EEL-Ⅰ型为单独的 MEL-06 组件，其余型号含在主控制屏上）；

（2）恒压源［EEL-Ⅰ、Ⅱ、Ⅲ、Ⅳ均含在主控制屏上，根据用户的要求，可能有两种配置：+6 V（+5 V），+12 V，0～30 V 可调；双路 0～30 V 可调］；

（3）恒流源（0～500 mA 可调）；

（4）EEL-23 组件或 EEL-18 组件（含固定电阻、电位器）、EEL-30 组件或 EEL-51 组件、EEL-52 组件。

2. 教师准备

提前布置实训任务，让学生预习有关知识；按照预先的每 3 人分组，准备好实训材料和工具，制定好实训程序和步骤，指导学生进行实训活动。

3. 学生准备

做好知识的预习与储备，提前研究有源电路与无源电路的特点，制定测量有源电路与无源电路的工作程序，严格遵照实训指导书的操作要求和注意事项，按照组内分工积极参与实训活动。

4. 安全与文明要求

学生听从指导教师的安排及指挥，不在操作台附近相互打闹；保护好电子仪器仪表及工具；遵守实训须知的安全与文明要求；严格按照工艺操作规程进行操作，操作中如发现故障，应立即停止操作并报告指导教师。

任务实施

1. 根据电源外特性曲线设计一个实际电压源模型

已知电源外特性曲线如图 1-29 所示，根据图中给出的开路电压和短路电流数值，计算出实际电压源模型中的电压源 U_S 和内阻 R_S。在实验中，电压源 U_S 选用恒压源的可调稳压输出端，内阻 R_S 选用固定电阻。

2. 测量电路传输功率

用上述设计的实际电压源与负载电阻 R_L 相连，电路如图 1-30 所示，图中 R_L 选用电阻箱，从 0～600 Ω 改变负载电阻 R_L 的数值,测量对应的电压、电流,将数据记入表 1-28。

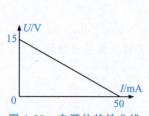

图 1-29 电源外特性曲线

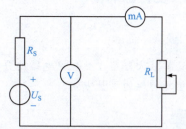

图 1-30 实际电压源与负载电阻 R_L 电路

表 1-28 电路传输功率数据

R_L/Ω	0	100	200	300	400	500	600
U/V							
I/mA							
P_L/mW							
$\eta/\%$							

点拨

电源用恒压源的可调电压输出端,其输出电压根据计算的电压源 U_S 数值进行调整,防止电源短路。

任务评价

测评内容	配分	评分标准	操作时间/min	扣分	得分
设计一个实际电压源模型	40	1. 测试数据全错,扣 40 分; 2. 测试数据错误 1～5 处,每处扣 8 分	40		
测量电路传输功率	40	1. 测试数据全错,扣 40 分; 2. 测试数据错误 1～5 处,每处扣 8 分	40		
安全文明操作	10	违反安全生产规程,视现场具体违规情况扣分			
定额时间 (80 min)	10	开始时间（　　） 结束时间（　　）	每超时 2 min 扣 5 分		
合计总分	100				

任务反思

1. 什么是阻抗匹配?电路传输最大功率的条件是什么?
2. 电路传输的功率和效率如何计算?
3. 根据图 1-29 给出的电源外特性曲线,计算出实际电压源模型中的电压源 U_S 和内阻 R_S。
4. 电压表、电流表前后位置对换,对电压表、电流表的读数有无影响?为什么?

子任务6 受控源的测试

任务目的

1. 熟悉由运算放大器组成受控源电路的分析方法，了解运算放大器的应用；
2. 学会受控源特性的测量方法。

任务说明

1. 受控源

受控源向外电路提供的电压或电流是受其他支路的电压或电流控制的，因而受控源是双口元件：一个为控制端口或称输入端口，输入控制量（电压或电流）；另一个为受控端口或称输出端口，向外电路提供电压或电流。受控端口的电压或电流受控制端口的电压或电流的控制。根据控制变量与受控变量的不同组合，受控源可分为以下四类。

（1）电压控制电压源（VCVS），如图1-31（a）所示，其特性为

$$u_2 = \mu u_1 \tag{1-27}$$

其中，$\mu = \dfrac{u_2}{u_1}$ 称为转移电压比（电压放大倍数）。

（2）电压控制电流源（VCCS），如图1-31（b）所示，其特性为

$$i_2 = g u_1 \tag{1-28}$$

其中，$g = \dfrac{i_2}{u_1}$ 称为转移电导。

（3）电流控制电压源（CCVS），如图1-31（c）所示，其特性为

$$u_2 = r i_1 \tag{1-29}$$

其中，$r = \dfrac{u_2}{i_1}$ 称为转移电阻。

（4）电流控制电流源（CCCS），如图1-31（d）所示，其特性为

$$i_2 = \beta i_1 \tag{1-30}$$

其中，$\beta = \dfrac{i_2}{i_1}$ 称为转移电流比（电流放大倍数）。

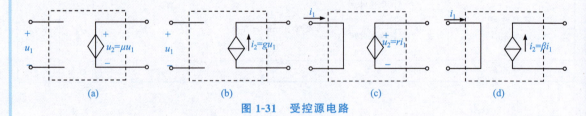

图1-31 受控源电路

2. 用运算放大器组成的受控源

运算放大器的电路符号如图1-32所示，具有两个输入端：同相输入端 u_+ 和反相输入端 u_-，一个输出端 u_o，放大倍数为 A，则 $u_o = A(u_+ - u_-)$。

对于理想运算放大器，放大倍数 A 为 ∞，输入电阻为 ∞，输出电阻为 0，由此可得出两个特性。

特性1：$u_+ = u_-$。

特性2：$i_+ = i_- = 0$。

(1) 电压控制电压源（VCVS）。电压控制电压源电路如图1-33所示。

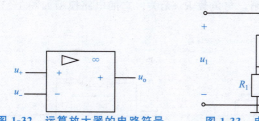

图1-32　运算放大器的电路符号

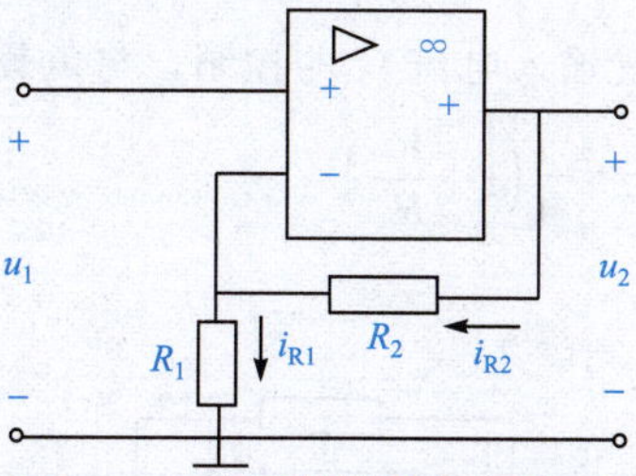

图1-33　电压控制电压源电路

由运算放大器的特性1可知：$u_+ = u_- = u_1$

则 $i_{R1} = \dfrac{u_1}{R_1}$，$i_{R2} = \dfrac{u_2 - u_1}{R_2}$

由运算放大器的特性2可知：$i_{R1} = i_{R2}$

代入 i_{R1}、i_{R2} 得

$$u_2 = \left(1 + \dfrac{R_2}{R_1}\right) u_1 \tag{1-31}$$

可见，运算放大器的输出电压 u_2 受输入电压 u_1 控制，其电路模型如图1-31（a）所示，转移电压比为 $\mu = 1 + \dfrac{R_2}{R_1}$。

(2) 电压控制电流源（VCCS）。电压控制电流源电路如图1-34所示。

由运算放大器的特性1可知：$u_+ = u_- = u_1$

则 $i_{R1} = \dfrac{u_1}{R_1}$

由运算放大器的特性2可知：$i_2 = i_{R1} = \dfrac{u_1}{R_1}$

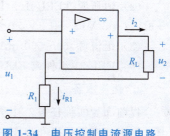

图1-34　电压控制电流源电路

即 i_2 只受输入电压 u_1 控制，与负载 R_L 无关（实际上要求 R_L 为有限值）。其电路模型如图1-31（b）所示。

转移电导为 $g = \dfrac{i_2}{u_1} = \dfrac{1}{R_1}$

(3) 电流控制电压源（CCVS）。电流控制电压源电路如图1-35所示。

由运算放大器的特性1可知：$u_- = u_+ = 0$，$u_2 = R \cdot i_R$

由运算放大器的特性2可知：$i_R = i_1$

代入上式，得 $u_2 = R \cdot i_1$

即输出电压 u_2 受输入电流 i_1 的控制。其电路模型如图1-31（c）所示。

转移电阻为 $r = \dfrac{u_2}{i_1} = R$

(4) 电流控制电流源（CCCS）。电流控制电流源电路如图1-36所示。

由运算放大器的特性1可知：$u_- = u_+ = 0$

则

$$i_{R1} = \dfrac{R_2}{R_1 + R_2} i_2 \tag{1-32}$$

由运算放大器的特性 2 可知：$i_{R1}=-i_1$

代入上式，得 $i_2=-\left(1+\dfrac{R_1}{R_2}\right)i_1$

即输出电流 i_2 只受输入电流 i_1 的控制，与负载 R_L 无关。它的电路模型如图 1-31（d）所示。转移电流比为 $\beta=\dfrac{i_2}{i_1}=-\left(1+\dfrac{R_1}{R_2}\right)$ \hfill (1-33)

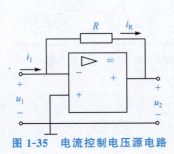

图 1-35 电流控制电压源电路

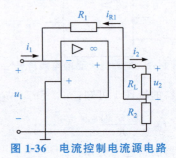

图 1-36 电流控制电流源电路

任务准备与要求

1. 仪器仪表及工具准备

（1）直流数字电压表、直流数字毫安表（根据型号的不同，EEL-Ⅰ型为单独的 MEL-06 组件，其余型号含在主控制屏上）；

（2）恒压源（EEL-Ⅰ、Ⅱ、Ⅲ、Ⅳ均含在主控制屏上，根据用户的要求，可能有两种配置：+6 V（+5 V），+12 V，0~30 V 可调；双路 0~30 V 可调）；

（3）恒流源（0~500 mA 可调）；

（4）EEL-31 组件或 EEL-54 组件。

2. 教师准备

提前布置实训任务，让学生预习有关知识；按照预先的每 3 人分组，准备好实训材料和工具，制定好实训程序和步骤，指导学生进行实训活动。

3. 学生准备

做好知识的预习与储备，提前研究受控电压源与受控电流源的电路特点，制定测量电路工作程序，严格遵照实训指导书的操作要求和注意事项，按照组内分工积极参与实训活动。

4. 安全与文明要求

学生听从指导教师的安排及指挥，不在操作台附近相互打闹；保护好电子仪器仪表及工具；遵守实训须知的安全与文明要求；严格按照工艺操作规程进行操作，操作中如发现故障，应立即停止操作并报告指导教师。

任务实施

1. 测试电压控制电压源（VCVS）特性

电路如图 1-37 所示，图中，U_1 用恒压源的可调电压输出端，$R_1=R_2=10\ \text{k}\Omega$，$R_L=2\ \text{k}\Omega$（用电阻箱）。

（1）测试 VCVS 的转移特性 $U_2=f(U_1)$。调节恒压源输出

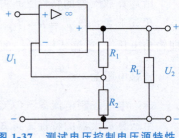

图 1-37 测试电压控制电压源特性

电压 U_1（以电压表读数为准），用电压表测量对应的输出电压 U_2，将数据记入表 1-29。

改变电阻 R_1，使其阻值为 20 kΩ，按上述方法测量对应的输出电压，用 U_2' 表示，并将数据记入表 1-29。

表 1-29　VCVS 的转移特性数据

U_1/V	0	1	2	3	4	5	6	7	8
U_2/V									
U_2'/V									

（2）测试 VCVS 的负载特性 $U_2=f(R_L)$。保持 $U_1=2$ V，负载电阻 R_L 用电阻箱，并调节其大小，用电压表测量对应的输出电压 U_2，将数据记入表 1-30。

表 1-30　VCVS 的负载特性数据

R_L/Ω	50	70	100	200	300	400	500	1 000	2 000
U_2/V									

2. 测试电压控制电流源（VCCS）特性

电路如图 1-38 所示，图中，U_1 用恒压源的可调电压输出端，$R_1=10$ kΩ，$R_L=2$ kΩ（用电阻箱）。

（1）测试 VCCS 的转移特性 $I_2=f(U_1)$。调节恒压源输出电压 U_1（以电压表读数为准），用电流表测量对应的输出电流 I_2，将数据记入表 1-31。

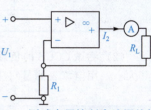

图 1-38　测试电压控制电流源特性

表 1-31　VCCS 的转移特性数据

U_1/V	0	0.5	1	1.5	2	2.5	3	3.5	4
I_2/mA									

（2）测试 VCCS 的负载特性 $I_2=f(R_L)$。保持 $U_1=2$ V，负载电阻 R_L 用电阻箱，并调节其大小，用电流表测量对应的输出电流 I_2，将数据记入表 1-32。

表 1-32　VCCS 的负载特性数据

R_L/kΩ	50	20	10	5	3	1	0.5	0.2	0.1
I_2/mA									

3. 测试电流控制电压源（CCVS）特性

电路如图 1-39 所示，图中，I_1 用恒流源，$R_1=10$ kΩ，$R_L=2$ kΩ（用电阻箱）。

（1）测试 CCVS 的转移特性 $U_2=f(I_1)$。调节恒流源输出电流 I_1（以电流表读数为准），用电压表测量对应的输出电压 U_2，将数据记入表 1-33。

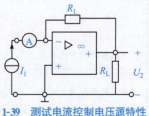

图 1-39　测试电流控制电压源特性

表 1-33　CCVS 的转移特性数据

I_1/mA	0	0.05	0.1	0.15	0.2	0.25	0.3	0.4
U_2/V								

（2）测试 CCVS 的负载特性 $U_2=f(R_L)$。保持 $I_1=0.2$ mA，负载电阻 R_L 用电阻箱，并调节其大小，用电压表测量对应的输出电压 U_2，将数据记入表 1-34。

表 1-34　CCVS 的负载特性数据

R_L/Ω	50	100	150	200	500	1 000	2 000	10 000	80 000
U_2/V									

4. 测试电流控制电流源（CCCS）特性

电路如图 1-40 所示。图中，I_1 用恒流源，$R_1 = R_2 = 10$ kΩ，$R_L = 2$ kΩ（用电阻箱）。

（1）测试 CCCS 的转移特性 $I_2 = f(I_1)$。调节恒流源输出电流 I_1（以电流表读数为准），用电流表测量对应的输出电流 I_2，I_1、I_2 分别用 EEL-31 组件中的电流插座 5-6 和 17-18 测量，将数据记入表 1-35。

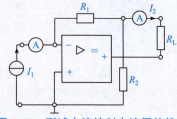

图 1-40　测试电流控制电流源特性

表 1-35　CCCS 的转移特性数据

I_1/mA	0	0.05	0.1	0.15	0.2	0.25	0.3	0.4
I_2/mA								

（2）测试 CCCS 的负载特性 $I_2 = f(R_L)$。保持 $I_1 = 0.2$ mA，负载电阻 R_L 用电阻箱，并调节其大小，用电流表测量对应的输出电流 I_2，将数据记入表 1-36。

表 1-36　CCCS 的负载特性数据

R_L/Ω	50	100	150	200	500	1 000	2 000	10 000	80 000
I_2/mA									

点拨

1. 在恒流源供电的实验中，不允许恒流源开路。
2. 运算放大器输出端不能与地短路，输入端电压不宜过高（小于 5 V）。

任务评价

测评内容	配分	评分标准	操作时间/min	扣分	得分
测试电压控制电压源	20	1. 测试数据全错，扣 20 分； 2. 测试数据错误 1~5 处，每处扣 4 分	30		
测试电压控制电流源	20	1. 测试数据全错，扣 20 分； 2. 测试数据错误 1~5 处，每处扣 4 分	20		
测试电流控制电压源	20	1. 测试数据全错，扣 20 分； 2. 测试数据错误 1~5 处，每处扣 4 分	20		
测试电流控制电流源	20	1. 测试数据全错，扣 20 分； 2. 测试数据错误 1~5 处，每处扣 4 分	20		
安全文明操作	10	违反安全生产规程，视现场具体违规情况扣分			
定额时间（80 min）	10	开始时间（　　）结束时间（　　）每超时 2 min 扣 5 分			
合计总分	100				

任务反思

1. 什么是受控源？了解四种受控源的缩写、电路模型、控制量与被控量的关系。
2. 四种受控源中的转移参量 μ、g、r 和 β 的意义是什么？如何测得？
3. 若受控源控制量的极性反向，试问其输出极性是否发生变化？
4. 如何由两个基本的 CCVS 和 VCCS 获得其他两个 CCCS 和 VCVS，它们的输入和输出如何连接？
5. 了解运算放大器的特性，分析四种受控源电路的输入、输出关系。

任务 3　工业现场配电线路的测试

子任务 1　一阶电路暂态过程的测试

任务目的

1. 熟悉 RC 一阶电路的零输入响应、零状态响应和全响应的规律和特点；
2. 学会一阶电路时间常数的测量方法，了解电路参数对时间常数的影响。

任务说明

1. RC 一阶电路的零状态响应

RC 一阶电路如图 1-41 所示，开关 S 在 1 的位置，$u_C=0$，处于零状态，当开关 S 合向 2 的位置时，电源通过 R 向电容 C 充电，$u_C(t)$ 称为零状态响应，变化曲线如图 1-42 所示，当 u_C 上升到 $0.632U_S$ 时所需要的时间称为时间常数 τ，$\tau=RC$。

$$u_C = U_S - U_S e^{-\frac{t}{\tau}} \tag{1-34}$$

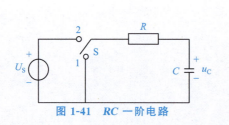

图 1-41　RC 一阶电路

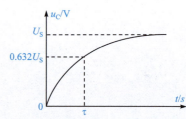

图 1-42　开关 S 在 2 位置变化曲线

2. RC 一阶电路的零输入响应

在图 1-41 中，开关 S 在 2 的位置，电路稳定后，再合向 1 的位置，电容 C 通过 R 放电，$u_C(t)$ 称为零输入响应，变化曲线如图 1-43 所示，当 u_C 下降到 $0.368U_S$ 时所需要的时间称为时间常数 τ，$\tau=RC$。

$$u_C = U_S e^{-\frac{t}{\tau}} = 0.368 U_S \tag{1-35}$$

3. 测量 RC 一阶电路时间常数 τ

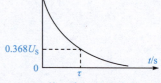

图 1-43　开关 S 在 1 位置变化曲线

图 1-41 所示电路的上述暂态过程很难观察，为了用普通示波器观察电路的暂态过程，需采用图 1-44 所示的周期性方波 u_S 作为电路的激励信号，方波信号的周期为 T，只要满足 $\frac{T}{2} \geqslant 5\tau$，便可在普通示波器的荧光屏上形成稳定的响应波形。

电阻 R、电容 C 串联与方波发生器的输出端连接，用双踪示波器观察电容电压 u_C，便可观察到稳定的指数曲线，如图 1-45 所示，在荧光屏上测得电容电压最大值 $U_{Cm}=a$（cm），取 $b=0.632a$（cm），与指数曲线交点对应时间 t 轴的 x 点，则根据时间 t 轴比例尺 $\left(扫描时间 \frac{t}{\mathrm{cm}}\right)$，该电路的时间常数 $\tau=x$（cm）$\times \dfrac{t}{\mathrm{cm}}$。

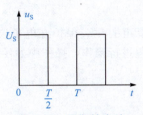
图 1-44 周期性方波

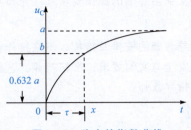
图 1-45 稳定的指数曲线

4. 微分电路和积分电路

若方波信号 u_S 作用在电阻 R、电容 C 串联电路中,当满足电路时间常数 τ 远远小于方波周期 T 的条件时,电阻两端(输出)的电压 u_R 与方波输入信号 u_S 呈微分关系,$u_R \approx RC\dfrac{du_S}{dt}$,该电路称为微分电路。当满足电路时间常数 τ 远远大于方波周期 T 的条件时,电容 C 两端(输出)的电压 u_C 与方波输入信号 u_S 呈积分关系,$u_C \approx \dfrac{1}{RC}\int u_S dt$,该电路称为积分电路。微分电路和积分电路的输出、输入关系如图 1-46 所示。

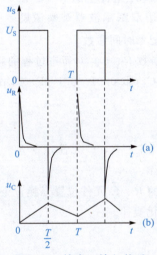
图 1-46 输出、输入关系

任务准备与要求

1. 仪器仪表及工具准备

(1) 双踪示波器;
(2) 信号源(方波输出);
(3) EEL-31 组件(含电阻、电容)或 EEL-51 组件。

2. 教师准备

提前布置实训任务,让学生预习有关知识;按照预先的每 3 人分组,准备好实训材料和工具,制定好实训程序和步骤,指导学生进行实训活动。

3. 学生准备

做好知识的预习与储备,提前研究一阶电路、微分及积分电路的特点,制定测量电路的工作程序，严格遵照实训指导书的操作要求和注意事项，按照组内分工积极参与实训活动。

4. 安全与文明要求

学生听从指导教师的安排及指挥，不在操作台附近相互打闹；保护好电子仪器仪表及工具；遵守实训须知的安全与文明要求；严格按照工艺操作规程进行操作，操作中如发现故障，应立即停止操作并报告指导教师。

任务实施

实训电路如图 1-47 所示，图中电阻 R、电容 C 从 EEL-31 组件上选取（请看懂电路板的走线，认清激励与响应端口所在的位置；认清电阻 R、电容 C 元件的布局及其标称值；各开关的通断位置等），用双踪示波器观察电路激励（方波）信号和响应信号。u_S 为方波输出信号，调节信号源输出，从双踪示波器上观察，使方波的峰-峰值 $V_{v-v} = 2\ \text{V}$，$f = 50\ \text{Hz}$。

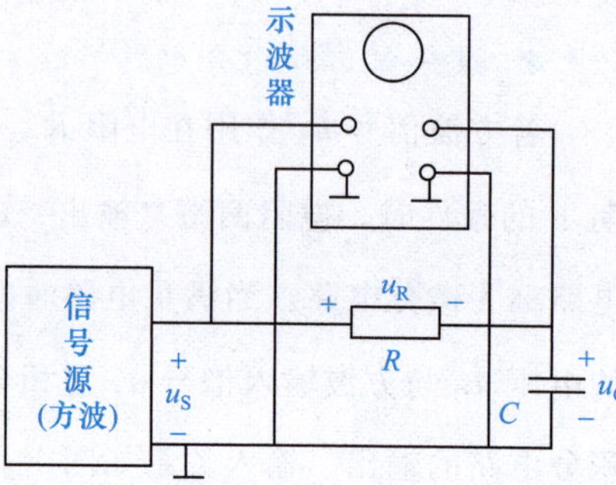

图 1-47 实训电路

1. 一阶电路的充、放电过程

（1）测量时间常数 τ：选择 EEL-31 组件上的 R、C 元件，令 $R = 10\ \text{k}\Omega$，$C = 0.01\ \mu\text{F}$，用双踪示波器观察激励 u_S 与响应 u_C 的变化规律，测量并记录时间常数 τ。

（2）观察时间常数 τ（即电路参数 R、C）对暂态过程的影响：令 $R = 10\ \text{k}\Omega$，$C = 0.01\ \mu\text{F}$，观察并描绘响应的波形，继续增大 C（取 $0.01 \sim 0.1\ \mu\text{F}$）或增大 R（取 $10\ \text{k}\Omega$，$30\ \text{k}\Omega$），定性地观察对响应的影响。

2. 微分电路和积分电路

（1）积分电路：选择 EEL-31 组件上 R、C 元件，令 $R = 10\ \text{k}\Omega$，$C = 0.01\ \mu\text{F}$，用双踪示波器观察激励 u_S 与响应 u_C 的变化规律。

（2）微分电路：将实训电路中的 R、C 元件位置互换，令 $R = 10\ \text{k}\Omega$，$C = 0.01\ \mu\text{F}$，用双踪示波器观察激励 u_S 与响应 u_C 的变化规律。

点拨

1. 调节电子仪器各旋钮时，动作不要过猛。实训前，尚需熟读双踪示波器的使用说明，特别是开关、旋钮的操作与调节。

2. 信号源的接地端与双踪示波器的接地端要连在一起（称共地），以防外界干扰而影响测量的准确性。

3. 双踪示波器的辉度不应过亮，尤其是光点长期停留在荧光屏上不动时，应将辉度调暗，以延长示波管的使用寿命。

任务评价

测评内容	配分	评分标准	操作时间/min	扣分	得分
RC 一阶电路的充、放电过程	40	1. 测试数据全错，扣 40 分； 2. 测试数据错误 1~5 处，每处扣 8 分	40		

续表

测评内容	配分	评分标准	操作时间/min	扣分	得分
微分电路和积分电路	40	1. 测试数据全错，扣40分； 2. 测试数据错误1~5处，每处扣8分	40		
安全文明操作	10	违反安全生产规程，视现场具体违规情况扣分			
定额时间 （80 min）	10	开始时间 （ ） 结束时间 （ ）	每超时 2 min 扣 5 分		
合计总分	100				

任务反思

1. 用双踪示波器观察 RC 一阶电路零输入响应和零状态响应时，为什么激励必须是方波信号？

2. 已知 RC 一阶电路中 $R=10$ kΩ，$C=0.01$ μF，试计算时间常数 τ，并根据 τ 值的物理意义，拟定测量 t 的方案。

3. 在 RC 一阶电路中，当 R、C 的大小变化时，对电路的响应有何影响？

4. 何谓积分电路和微分电路？它们必须具备什么条件？它们在方波激励下，其输出信号波形的变化规律如何？这两种电路有何功能？

子任务 2 交流串联电路的测试

任务目的

1. 学会使用交流数字仪表（电压表、电流表、功率表）和自耦调压器；
2. 学会用交流数字仪表测量交流电路的电压、电流和功率；
3. 学会用交流数字仪表测定交流电路参数的方法。

R-L-C 串联
交流电路

任务说明

正弦交流电路中各个元件的参数值，可以用交流电压表、交流电流表及功率表，分别测量出元件两端的电压 U、流过该元件的电流 I 和它所消耗的功率 P，然后通过计算得到所求的各值，这种方法称为三表法，是用来测量 50 Hz 交流电路参数的基本方法。计算的基本公式如下所述。

电阻元件的电阻 $R = \dfrac{U_R}{I}$ 或 $R = \dfrac{P}{I^2}$；

电感元件的感抗 $X_L = \dfrac{U_L}{I}$，电感 $L = \dfrac{X_L}{2\pi f}$；

电容元件的容抗 $X_C = \dfrac{U_C}{I}$，电容 $C = \dfrac{1}{2\pi f X_C}$；

串联电路复阻抗的模 $|Z| = \dfrac{U}{I}$，阻抗角 $\varphi = \arctan \dfrac{X}{R}$；

其中，等效电阻 $R = \dfrac{P}{I^2}$，等效电抗 $X = \sqrt{|Z|^2 - R^2}$。

本任务电阻元件使用白炽灯（非线性电阻）。电感线圈使用镇流器，由于镇流器线圈的金属导线具有一定电阻,因而,镇流器可以由电感和电阻相串联来表示。电容器(简称电容)一般可认为是理想的电容元件。

在 R、L、C 串联电路中,各元件电压之间存在相位差,电源电压应等于各元件电压的向量和,而不能用它们的有效值直接相加。

电路功率用功率表测量,功率表(又称瓦特表)是一种电动式仪表,其中电流线圈与负载串联(具有两个电流线圈,可串联或并联,以便得到两个电流量程),而电压线圈与电源并联,电流线圈和电压线圈的同名端(标有 * 号端)必须连在一起,如图 1-48 所示。本任务使用数字式功率表,连接方法与电动式功率表相同,电压、电流量程分别选 450 V 和 3 A。

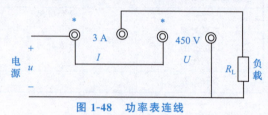

图 1-48 功率表连线

任务准备与要求

1. 仪器仪表及工具准备

(1) 交流电压表、电流表、功率表;

(2) 自耦调压器(输出可调的交流电压);

(3) EEL-17 组件〔含白炽灯(220 V、40 W)、荧光灯(30 W)、镇流器、电容器(4 μF、2 μF/400 V)〕。

2. 教师准备

提前布置实训任务,让学生预习有关知识;按照预先的每 3 人分组,准备好实训材料和工具,制定好实训程序和步骤,指导学生进行实训活动。

3. 学生准备

做好知识的预习与储备,提前研究有功功率和无功功率电路的特点,制定测量电路的工作程序,严格遵照实训指导书的操作要求和注意事项,按照组内分工积极参与实训活动。

4. 安全与文明要求

学生听从指导教师的安排及指挥,不在操作台附近相互打闹;保护好电子仪器仪表及工具;遵守实训须知的安全与文明要求;严格按照工艺操作规程进行操作,操作中如发现故障,应立即停止操作并报告指导教师。

任务实施

功率表的连接方法如图 1-48 所示,交流电源经自耦调压器调压后向负载 Z 供电。

1. 测量白炽灯的电阻

图 1-49 所示电路中的 Z 为一个 220 V、40 W 的白炽灯,用自耦调压器调压,使 u 为 220 V(用电压表测量),并测量电流和功率,记入自拟的数据表格。将电压 u 调到 110 V,重复上述实训。

2. 测量电容器的容抗

将图 1-49 所示电路中的 Z 换为 4 μF 的电容器(改接电路时必须断开交流电源),将电压 u 调到 220 V,测量电压、电流和功率,记入自拟的数据表格。

将电容器换为 2 μF,重复上述实训。

3. 测量镇流器的参数

将图 1-49 所示电路中的 Z 换为镇流器，将电压 u 分别调到 180 V 和 90 V，测量电压、电流和功率，记入自拟的数据表格。

4. 测量荧光灯电路

荧光灯电路如图 1-50 所示，用该电路取代图 1-49 所示电路中的 Z，将电压 u 调到 220 V，测量荧光灯管两端电压 u_R、镇流器电压 u_{RL} 和总电压 u 以及电流和功率，并记入自拟的数据表格。

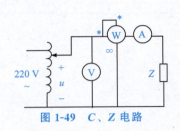
图 1-49　C、Z 电路

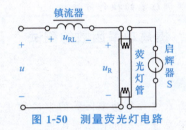
图 1-50　测量荧光灯电路

点拨

1. 通常，功率表不单独使用，要有电压表和电流表监测，使电压表和电流表的读数不超过功率表电压和电流的量程。

2. 注意功率表的正确接线，上电前必须经指导教师检查。

3. 自耦调压器在接通电源前，应将其手柄置于零位，调节时，使其输出电压从零开始逐渐升高。每次改接实训负载或实训完毕，都必须先将其旋柄慢慢调回零位，再断电源。必须严格遵守这一安全操作规程。

任务评价

测评内容	配分	评分标准	操作时间/min	扣分	得分
测量白炽灯的电阻	20	1. 测试数据全错，扣 20 分； 2. 测试数据错误 1～5 处，每处扣 4 分	30		
测量电容器的容抗	20	1. 测试数据全错，扣 20 分； 2. 测试数据错误 1～5 处，每处扣 4 分	20		
测量镇流器的参数	20	1. 测试数据全错，扣 20 分； 2. 测试数据错误 1～5 处，每处扣 4 分	20		
测量荧光灯电路	20	1. 测试数据全错，扣 20 分； 2. 测试数据错误 1～5 处，每处扣 4 分	20		
安全文明操作	10	违反安全生产规程，视现场具体违规情况扣分			
定额时间（90 min）	10	开始时间（　　） 结束时间（　　）	每超时 2 min 扣 5 分		
合计总分	100				

任务反思

1. 自拟实训所需的全部表格。
2. 在 50 Hz 的交流电路中,测得一只铁芯线圈的 P、I 和 U,如何计算其电阻值及电感量?
3. 参阅课外资料,了解荧光灯的电路连接和工作原理。
4. 当荧光灯上缺少启辉器时,人们常用一根导线将启辉器插座的两端短接一下,然后迅速断开,使荧光灯点亮;或用一只启辉器去点亮多只同类型的荧光灯,这是为什么?
5. 了解功率表的连接方法。
6. 了解自耦调压器的操作方法。

子任务 3　提高功率因数的测试

任务目的

1. 熟悉提高感性负载功率因数的方法和意义;
2. 学会使用交流仪表和自耦调压器。

功率因数的
提高

任务说明

供电系统由电源（发电机或变压器）通过输电线路向负载供电。负载通常有电阻负载,如白炽灯、电阻加热器等,也有电感性负载,如电动机、变压器、线圈等,一般情况下,这两种负载会同时存在。由于电感性负载有较大的感抗,因而功率因数较低。

若电源向负载传送的功率 $P=UI\cos\varphi$,当功率 P 和供电电压 U 一定时,功率因数 $\cos\varphi$ 越低,线路电流 I 就越大,从而增加了线路电压降和线路功率损耗,若线路总电阻为 R_l,则线路电压降和线路功率损耗分别为 $\Delta U_l=IR_l$ 和 $\Delta P_l=I^2R_l$;另外,负载的功率因数越低,表明无功功率越大,电源就必须用较大的容量和负载电感进行能量交换,电源向负载提供有功功率的能力就必然下降,从而降低了电源容量的利用率。因而,为了提高供电系统的经济效益和供电质量,必须采取措施提高电感性负载的功率因数。

通常提高电感性负载功率因数的方法是在负载两端并联适当数量的电容器,使负载的总无功功率 Q（$=Q_L-Q_C$）减小,在传送的有功功率 P 不变时,使功率因数提高,线路电流减小。当并联电容器的 $Q_C=Q_L$ 时,总无功功率 $Q=0$,此时功率因数 $\cos\varphi=1$,线路电流 I 最小。若继续并联电容器,将导致功率因数下降,线路电流增大,这种现象称为过补偿。

负载功率因数可以通过使用三表法测量电源电压 U、负载电流 I 和功率 P,用公式 $\lambda=\cos\varphi=\dfrac{P}{UI}$ 计算。

本任务的电感性负载用铁芯线圈,电源用 220 V 交流电经自耦调压器调压供电。

任务准备与要求

1. 仪器仪表及工具准备

（1）交流电压表、电流表、功率表;
（2）自耦调压器（输出交流可调电压）;
（3）EEL-32 组件（含实训电路）。

2. 教师准备

提前布置实训任务,让学生预习有关知识;按照预先的每 3 人分组,准备好实训材料和工

具,制定好实训程序和步骤,指导学生进行实训活动。

3. 学生准备

做好知识的预习与储备,提前研究提供功率因数电路的特点,制定测量电路的工作程序,严格遵照实训指导书的操作要求和注意事项,按照组内分工积极参与实训活动。

4. 安全与文明要求

学生听从指导教师的安排及指挥,不在操作台附近相互打闹;保护好电子仪器仪表及工具;遵守实训须知的安全与文明要求;严格按照工艺操作规程进行操作,操作中如发现故障,应立即停止操作并报告指导教师。

任务实施

实训电路如图 1-51 所示,图中:R_l 为线路电阻,L_1、L_2 为感性负载(铁芯线圈)。u_1 为电源电压,u_2 为负载电压。

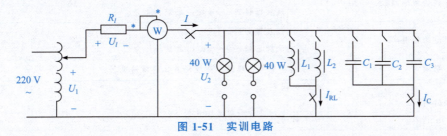

图 1-51 实训电路

1. 测量电感性负载(铁芯线圈)的功率因数

在实训电路中,接通电感 L_1、L_2,断开所有电容器,调整自耦调压器,使负载电压 U_2 等于 210 V,测量线路电流 I 和功率 P,记入自拟的数据表格,并计算出铁芯线圈的功率因数。

2. 提高电感性负载的功率因数

保持负载电压 U_2 等于 210 V,分别接通电容器 C_1、C_2、C_3,测量电源电压 U_1、线路电压 U_l、线路电流 I、电容电流 I_C、负载电流 I_{RL} 和功率 P(注意观察它们的变化情况),并记入表 1-37。

表 1-37 提高电感性负载功率因数实训数据

$C/\mu F$	U/V	U_l/V	I/A	I_C/A	I_{RL}/A	P/W	$\cos\varphi$
3							
6							
9							
12							
15							
18							
21							

3. 提高电源容量的利用率

保持负载电压 U_2 等于 210 V,并联电容器,当线路电流出现最小值时,再接入 220 V、40 W 白炽灯(接入白炽灯的个数,应使线路电流与未并联电容器以前的线路电流大致相同),测量电

源电压 U_1、线路电压 U_l、线路电流 I 和功率 P，记入自拟的数据表格。

 点拨

1. 功率表要正确接入电路，通电时要经指导教师检查。
2. 注意自耦调压器的准确操作。
3. 本实训用电流插头和插座测量三个支路的电流。
4. 在实训过程中，一直保持负载电压 U_2 等于 210 V，以便对实训数据进行比较。

任务评价

测评内容	配分	评分标准	操作时间/min	扣分	得分
测量电感性负载（铁芯线圈）的功率因数	40	1. 测试数据全错，扣40分； 2. 测试数据错误1~5处，每处扣8分	40		
提高电感性负载的功率因数	20	1. 测试数据全错，扣20分； 2. 测试数据错误1~5处，每处扣4分	30		
提高电源容量的利用率	20	1. 测试数据全错，扣20分； 2. 测试数据错误1~5处，每处扣4分	20		
安全文明操作	10	违反安全生产规程，视现场具体违规情况扣分			
定额时间（90 min）	10	开始时间（　　）结束时间（　　）	每超时 2 min 扣 5 分		
合计总分	100				

任务反思

1. 一般的负载为什么功率因数较低？负载较低的功率因数对供电系统有何影响？为什么？
2. 为了提高电路的功率因数，常在感性负载上并联电容器，此时增加了一条电流支路，试问电路的总电流是增大还是减小？此时感性负载上的电流和功率是否改变？
3. 提高线路功率因数为什么只采用并联电容器法，而不用串联法？所并的电容器是否越多越好？
4. 自拟实训所需的所有表格。

子任务 4　三相电路电压、电流的测量

任务目的

1. 熟悉三相负载的星形连接和三角形连接；
2. 熟悉三相电路线电压与相电压、线电流与相电流之间的关系及三相四线制供电系统中，中线的作用；
3. 学会观察线路故障时的情况。

任务说明

电源用三相四线制向负载供电，三相负载可接成星形（又称 Y 形）或三角形（又称 △ 形）。

三相电压及电流的测量

当三相对称负载做 Y 形连接时，线电压 U_L 是相电压 U_P 的 $\sqrt{3}$ 倍，线电流 I_L 等于相电流 I_P，即 $U_L=\sqrt{3}U_P$，$I_L=I_P$，流过中线的电流 $I_N=0$；做 △ 形连接时，线电压 U_L 等于相电压 U_P，线电流 I_L 是相电流 I_P 的 $\sqrt{3}$ 倍，即 $I_L=\sqrt{3}I_P$，$U_L=U_P$。

不对称三相负载做 Y 形连接时，必须采用 Y_0 接法，中线必须牢固连接，以保证三相不对称负载的每相电压等于电源的相电压（三相对称电压）。若中线断开，会导致三相负载电压的不对称，致使负载轻的那一相相电压过高，使负载遭受损坏，负载重的那一相相电压又过低，使负载不能正常工作；不对称负载做 △ 形连接时，$I_L=\sqrt{3}I_P$，但只要电源的线电压 U_L 对称，加在三相负载上的电压仍是对称的，对各相负载工作没有影响。

本任务中，用三相调压器调压输出作为三相交流电源，用三组白炽灯作为三相负载，线电流、相电流、中线电流用电流插头和插座测量（EEL-VB 为三相不可调交流电源）。

任务准备与要求

1. 仪器仪表及工具准备

（1）三相交流电源；

（2）交流电压表、交流电流表；

（3）EEL-17 组件或 EEL-55 组件。

2. 教师准备

提前布置实训任务，让学生预习有关知识；按照预先的每 3 人分组，准备好实训材料和工具，制定好实训程序和步骤，指导学生进行实训活动。

3. 学生准备

做好知识的预习与储备，提前研究三相负载星形及三角形连接电路的特点，制定测量电路的工作程序，严格遵照实训指导书的操作要求和注意事项，按照组内分工积极参与实训活动。

4. 安全与文明要求

学生听从指导教师的安排及指挥，不在操作台附近相互打闹；保护好电子仪器仪表及工具；遵守实训须知的安全与文明要求；严格按照工艺操作规程进行操作，操作中如发现故障，应立即停止操作并报告指导教师。

任务实施

1. 三相负载星形连接（三相四线制供电）

参照实训电路图 1-52，连接成星形接法。用三相调压器调压输出作为三相交流电源，具体操作如下：将三相调压器的旋钮置于三相电压输出为 0 V 的位置（逆时针旋到底的位置），然后旋转旋钮，调节三相调压器的输出，使输出的三相线电压为 220 V。测量线电压和相电压，并记录数据。

（1）在有中线的情况下，测量三相负载对称和不对称时的各相电流、中线电流和各相电压，将数据记入表 1-38，并记录各灯的亮度。

（2）在无中线的情况下，测量三相负载对称和不对称时的各相电流、各相电压和电源中点 N 到负载中点 N' 的电压 $U_{NN'}$，将数据记入表 1-38，并记录各灯的亮度。

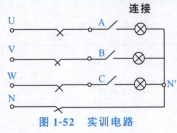

图 1-52 实训电路

表 1-38　负载星形连接实训数据

中线连接	每相灯数			负载相电压/V			电流/A				$U_{NN'}$/V	亮度比较A、B、C
	A	B	C	U_A	U_B	U_C	I_A	I_B	I_C	I_N		
有	1	1	1									
	1	2	1									
	1	断开	2									
无	1	断开	2									
	1	2	1									
	1	1	1									
	1	短路	3									

2. 三相负载三角形连接

参照实训电路图 1-52，连接成三角形接法。调节三相调压器的输出电压，使输出的三相线电压为 220 V。测量三相负载对称和不对称时的各相电流、线电流和各相电压，将数据记入表 1-39，并记录各灯的亮度。

表 1-39　负载三角形连接实训数据

每相灯数			相电压/V			线电流/A			相电流/A			亮度比较
A—B	B—C	C—A	U_{AB}	U_{BC}	U_{CA}	I_A	I_B	I_C	I_{AB}	I_{BC}	I_{CA}	
1	1	1										
1	2	3										

点拨

1. 每次接线完毕，同组同学应自查一遍，然后由指导教师检查后，方可接通电源，必须严格遵守先接线，后通电；先断电，后抓线的实训操作原则。
2. 星形负载作短路实训时，必须首先断开中线，以免发生短路事故。
3. 测量、记录各电压、电流时，注意分清它们是哪一相、哪一线，防止记错。

任务评价

测评内容	配分	评分标准	操作时间/min	扣分	得分
三相负载星形连接	40	1. 测试数据全错，扣40分； 2. 测试数据错误1~5处，每处扣8分	40		
三相负载三角形连接	40	1. 测试数据全错，扣40分； 2. 测试数据错误1~5处，每处扣8分	40		
安全文明操作	10	违反安全生产规程，视现场具体违规情况扣分			
定额时间 （80 min）	10	开始时间（　　） 结束时间（　　）	每超时 2 min 扣 5 分		
合计总分	100				

任务反思

1. 三相负载根据什么原则做星形或三角形连接？本实训为什么将三相电源线电压设定为 220 V？

2. 三相负载按星形或三角形连接，它们的线电压与相电压、线电流与相电流有何关系？当三相负载对称时又有何关系？

3. 说明在三相四线制供电系统中中线的作用，中线上能安装熔丝吗？为什么？

子任务 5　三相电路功率的测量

任务目的

1. 学会用功率表测量三相电路功率的方法；
2. 学会功率表的接线和使用方法。

三相功率的测量

任务说明

1. 三相四线制供电，负载星形连接（Y_0 接法）

对于三相不对称负载，用三个单相功率表测量，测量电路如图 1-53 所示，三个单相功率表的读数为 W_1、W_2、W_3，则三相功率 $P = W_1 + W_2 + W_3$，这种测量方法称为三瓦特表法；对于三相对称负载，用一个单相功率表测量即可，若功率表的读数为 W，则三相功率 $P = 3W$，称为一瓦特表法。

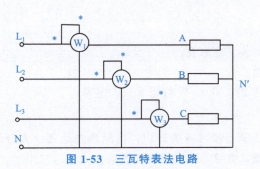

图 1-53　三瓦特表法电路

2. 三相三线制供电

在三相三线制供电系统中，无论三相负载是否对称，也无论负载是 Y 形连接还是△形连接，都可用二瓦特表法测量三相负载的有功功率。测量电路如图 1-54 所示，若两个功率表的读数为 W_1、W_2，则三相功率为

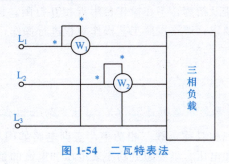

图 1-54　二瓦特表法

$$P = W_1 + W_2 = U_l I_l \cos(30° - \varphi) + U_l I_l \cos(30° + \varphi) \tag{1-36}$$

其中，φ 为负载的阻抗角（功率因数角），两个功率表的读数与 φ 有下列关系。

(1) 当负载为纯电阻，$\varphi = 0$，$W_1 = W_2$，即两个功率表读数相等。

(2) 当负载功率因数 $\cos\varphi = 0.5$，$\varphi = \pm 60°$，将有一个功率表的读数为零。

(3) 当负载功率因数 $\cos\varphi < 0.5$，$|\varphi| > 60°$，则有一个功率表的读数为负值，该功率表指针将反方向偏转，这时应将功率表电流线圈的两个端子调换（不能调换电压线圈端子），而读数应记为负值。对于数字式功率表将出现负读数。

3. 测量三相对称负载的无功功率

对于三相三线制供电的三相对称负载，可用一瓦特表法测得三相负载的总无功功率 Q，测试电路如图 1-55 所示。功率表读数 $W = U_l I_l \sin\varphi$，其中 φ 为负载的阻抗角，则三相负载的无功功率 $Q = \sqrt{3}W$。

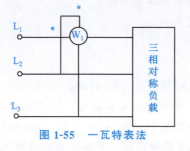

图 1-55 一瓦特表法

任务准备与要求

1. 仪器仪表及工具准备

(1) 交流电压表、电流表、功率表；

(2) 三相调压输出电源；

(3) EEL-17B 组件（含 220 V/40 W 灯组 9 只、电容）。

2. 教师准备

提前布置实训任务，让学生预习有关知识；按照预先的每 3 人分组，准备好实训材料和工具，制定好实训程序和步骤，指导学生进行实训活动。

3. 学生准备

做好知识的预习与储备，提前研究三相四线制及三相三线制电路的特点，制定测量电路的工作程序，严格遵照实训指导书的操作要求和注意事项，按照组内分工积极参与实训活动。

4. 安全与文明要求

学生听从指导教师的安排及指挥，不在操作台附近相互打闹；保护好电子仪器仪表及工具；遵守实训须知的安全与文明要求；严格按照工艺操作规程进行操作，操作中如发现故障，应立即停止操作并报告指导教师。

任务实施

1. 三相四线制供电，测量负载星形连接（Y_0 接法）的三相功率

(1) 用一瓦特表法测定三相对称负载三相功率，实训电路如图 1-56 所示，线路中的电流表和电压表用以监视三相电流和电压，不要超过功率表电压和电流的量程。经指导教师检查后，接

通三相电源开关，将调压器的输出由 0 调到 380 V（线电压），按表 1-40 的要求进行测量及计算，将数据记入表中。

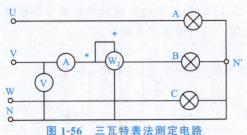

图 1-56　三瓦特表法测定电路

(2) 用三瓦特表法测定三相不对称负载三相功率，本实训用一个功率表分别测量每相功率，实训电路如图 1-56 所示，步骤与（1）相同，将数据记入表 1-40。

表 1-40　三相四线制负载星形连接数据

负载情况	开灯盏数			测量数据			计算值
	A 相	B 相	C 相	P_A/W	P_B/W	P_C/W	P/W
Y_0 接对称负载	3	3	3				
Y_0 接不对称负载	1	2	3				

2. 三相三线制供电，测量三相负载功率

(1) 用二瓦特表法测量三相负载 Y 形连接的三相功率，实训电路如图 1-57（a）所示，图中三相灯组负载如图 1-57（b）所示，经指导教师检查后，接通三相电源，调节三相调压器的输出，使线电压为 220 V，按表 1-41 的内容进行测量计算，并将数据记入表中。

(2) 将三相灯组负载改成△接法，如图 1-57（c）所示，重复（1）的测量步骤，数据记入表 1-41。

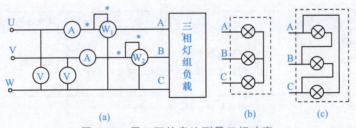

图 1-57　用二瓦特表法测量三相功率

表 1-41　三相三线制三相负载功率数据

负载情况	开灯盏数			测量数据		计算值
	A 相	B 相	C 相	P_1/W	P_2/W	P/W
Y 接对称负载	3	3	3			
Y 接不对称负载	1	2	3			
△接不对称负载	1	2	3			
△接对称负载	3	3	3			

3. 测量三相对称负载的无功功率

用一瓦特表法测定三相对称星形负载的无功功率，实训电路如图 1-58（a）所示，图中三相对称负载如图 1-58（b）所示，每相负载由三个白炽灯组成，检查接线无误后，接通三相电源，将三相调压器的输出线电压调到 380 V，将测量数据记入表 1-42。

更换三相负载性质，将图 1-58（a）中的三相对称负载分别按图 1-58（c）、（d）连接，按表 1-42 的内容进行测量、计算，并将数据记入表中。

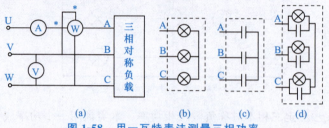

图 1-58 用一瓦特表法测量三相功率

表 1-42 三相对称负载无功功率数据

负载情况	测量值			计算值
	U_V	I_V	W（Var）	$Q=\sqrt{3}W$
三相对称灯组（每相3盏）	3	3	3	
三相对称电容（3.47 μF 每相）	1	2	3	
上述灯组、电容并联负载	1	2	3	

点拨

每次实训完毕，均需将三相调压器旋钮调回零位，如改变接线，均需新开三相电源，以确保人身安全。

任务评价

测评内容	配分	评分标准	操作时间/min	扣分	得分
三相四线制供电，测量负载星形连接（Y_0接法）的三相功率	40	1. 测试数据全错，扣40分； 2. 测试数据错误1~5处，每处扣8分	40		
三相三线制供电，测量三相负载功率	20	1. 测试数据全错，扣20分； 2. 测试数据错误1~5处，每处扣4分	30		
测量三相对称负载的无功功率	20	1. 测试数据全错，扣20分； 2. 测试数据错误1~5处，每处扣4分	20		
安全文明操作	10	违反安全生产规程，视现场具体违规情况扣分			
定额时间（90 min）	10	开始时间（　　）结束时间（　　） 每超时 2 min 扣 5 分			
合计总分	100				

任务反思

1. 复习二瓦特表法测量三相电路有功功率的原理。
2. 复习一瓦特表法测量三相对称负载无功功率的原理。
3. 测量功率时为什么在线路中通常接有电流表和电压表？
4. 为什么有的实训需将三相电源线电压调到380 V，而有的实训要调到220 V？

项目2 工业产品基本电路的设计与测试

项目导入

某电子生产企业对新入职企业员工进行电子技术应用培训,并要求制作一批光控灯等电路。为方便后续调试电子电路,项目负责人根据光控灯等电路的设计需求,进行电路的设计,研讨并制定设计方案,采用合理的电路结构和电路的动态性能,组装、焊接与调试电子电路并检测其性能和功能。

项目目标

知识目标	能力目标	素质目标
1. 学会识别电子电路中的元器件; 2. 学会读懂常用电子电路原理图,并根据电路原理图进行实际电路的装接; 3. 熟练使用电子仪器仪表,能利用测量仪器对电子电路进行测量、记录并分析数据,完成相应的测试报告	1. 能够根据工作要求查阅资料、手册,制定工作步骤; 2. 能够根据电路原理图进行实际电路的安装调试,初步具备电子电路故障检查和排除能力; 3. 能够独立分析问题、解决问题	1. 培养学生严谨细致、专注负责的工作态度; 2. 通过项目的制作与调试,树立安全意识、创新意识,培养学生的沟通能力和团队协作能力; 3. 通过评价环节,培养学生诚实守信的社会主义核心价值观

项目实施

任务1 放大电路的应用

子任务1 晶体管共射极单管放大器的调试

任务目的

1. 学会放大器静态工作点的调试方法,分析静态工作点对放大器性能的影响;
2. 能进行放大器电压放大倍数、输入电阻、输出电阻及最大不失真输出电压的测试;
3. 熟悉常用电子仪器及电子技术实验台的使用。

任务说明

图 2-1 所示为分压式单管放大器电路图。它的偏置电路采用 R_{B1} 和 R_{B2} 组成的分压电路,并在发射极中接有电阻 R_E,以稳定放大器的静态工作点。当在放大器的输入端加入输入信号 u_i

后，在放大器的输出端便可得到一个与 u_i 相位相反、幅值被放大了的输出信号 u_o，从而实现了电压放大。

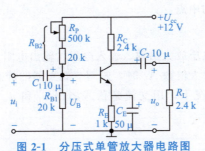

单管放大电路
的调试

图 2-1 分压式单管放大器电路图

在设计前应测量所用元器件的参数，为电路设计提供必要的依据，在完成设计和装配以后，还必须测量和调试放大器的静态工作点和各项性能指标。由于电子器件性能的分散性比较大，因此在设计和制作晶体管放大电路时，离不开测量和调试技术。因此，除了学习放大器的理论知识和设计方法外，还必须掌握必要的测量和调试技术。

放大器的测量和调试一般包括放大器静态工作点的测量与调试、消除干扰与自激振荡及放大器各项动态参数的测量与调试等。

1. 放大器静态工作点的测量与调试

（1）静态工作点的测量。测量放大器的静态工作点，应在输入信号 $u_i=0$ 的情况下进行，即将放大器输入端与地端短接，然后选用量程合适的直流毫安表和直流电压表，分别测量晶体管的集电极电流 I_C，以及各电极对地的电位 U_B、U_C 和 U_E。在操作中为了避免断开集电极，所以采用测量电压，然后计算出 I_C 的方法。例如，只要测出 U_E，即可用计算出 I_C，同时，也能算出 U_{BE}（$=U_B-U_E$）、U_{CE}（$=U_C-U_E$）。为了减小误差，提高测量精度，应选用内阻较大的直流电压表。

（2）静态工作点的调试。静态工作点是否合适，对放大器的性能和输出波形都有很大影响。如果工作点偏高，加入交流信号后放大器易产生饱和失真（底部失真），此时，u_o 的负半周将被削底，如图 2-2（a）所示；如果工作点偏低，则易产生截止失真（顶部失真），即 u_o 的正半周被缩顶（一般截止失真不如饱和失真明显），如图 2-2（b）所示。这些情况都不符合放大电路的要求。所以，在选定静态工作点后还必须进行动态调试，即在放大器的输入端加入一定的 u_i，检查输出电压 u_o 的大小和波形是否满足放大电路放大性能的要求，放大倍数要尽可能大、输出信号要尽可能不失真。如不满足，则应调节静态工作点的位置。

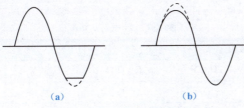

图 2-2 放大电路失真波形
(a) 饱和失真；(b) 截止失真

改变电路参数 U_{cc}、R_C、R_{B1}、R_{B2} 都会引起静态工作点的变化。但通常多采用调节偏电阻 R_{B2} 的方法来改变静态工作点，如果减小 R_{B2}，则可使静态工作点提高等。

最后还要说明的是，上面所说的工作点"偏高"或"偏低"不是绝对的，应该是相对信号的幅度而言的，如果信号幅度很小，即使工作点较高或较低，也不一定会出现失真。所以确切来说，波形失真是信号幅度与静态工作点设置配合不当所致。如需满足较大信号幅度的要求，静态工作点应尽量靠近交流负载线的中点。

2. 放大器各项动态参数的测量与调试

放大器各项动态参数包括电压放大倍数、输入电阻、输出电阻、最大不失真输出电压（动态范围）和通频带等。测量电压放大倍数 A_u 时，先调节放大器的静态工作点，然后加入输入电压 u_i，在输出电压 u_o 不失真的情况下，用交流毫伏表测出 u_i 和 u_o 的有效值 U_i 和 U_o，则 $A_u = U_o/U_i$。

任务准备与要求

1. 仪器仪表及工具准备

（1）双踪示波器、函数信号发生器、交流毫伏表、直流电压表、直流毫安表、万用表、直流数字电压表、直流数字电流表；

（2）晶体管 3DG6×1（$\beta=50 \sim 100$）或 9011×1，以及若干电阻、电容。

2. 教师准备

提前布置实训任务，让学生预习有关知识；按照预先的每 3 人分组，准备好实训材料和工具，制定好实训程序和步骤，指导学生进行实训活动。

3. 学生准备

做好知识的预习与储备，提前分析晶体管放大电路的测试方法，制定静态和动态调试的工作程序，严格遵照实训指导书的操作要求和注意事项，按照组内分工积极参与实训活动。

4. 安全与文明要求

学生听从指导教师的安排及指挥，不在操作台附近相互打闹；保护好电子仪器仪表及工具；遵守实训须知的安全与文明要求；严格按照工艺操作规程进行操作，操作中如发现故障，应立即停止操作并报告指导教师。

任务实施

1. 测量静态工作点

按图 2-1 所示连接电路，接通电源前先将 R_P 调到最大值，信号源输出旋钮旋至零。接通 +12 V 电源，调节 R_P 使 $I_C=2.0$ mA（即 $U_E=2.0$ V），用数字电压表测量 U_B、U_C、U_E，用万用表测量 R_{B2} 值，记入表 2-1。

表 2-1　$I_C=2.0$ mA

测量值				计算值		
U_B/V	U_E/V	U_C/V	R_{B2}/kΩ	U_{BE}/V	U_{CE}/V	I_C/mA

2. 测量电压放大倍数

在放大器输入端加入频率为 1 kHz 的正弦信号 u_S，调节信号源的输出旋钮使 $u_i=10$ mV，同时用双踪示波器观察放大器输出电压 u_o 的波形，在波形不失真的条件下用交流毫伏表测量下

述三种情况下的 u_o 值，并用双踪示波器同时观察 u_o 和 u_i 的相位关系，把结果记入表 2-2。

表 2-2　$I_C=2.0$ mA　$u_i=10$ mA

$R_C/\text{k}\Omega$	$R_L/\text{k}\Omega$	u_o/V	观察记录一组 u_o 和 u_i 波形
2.4	∞		
1.2	∞		
2.4	2.4		

3. 观察静态工作点对电压放大倍数的影响

置 $R_C=2.4$ kΩ，$R_L=\infty$，u_i 旋转至适当值，调节 R_P，用双踪示波器观测输出电压波形，在 u_o 不失真的条件下，测量 I_C 和 u_o 值，记入表 2-3。

表 2-3　$R_C=2.4$ kΩ　$R_L=\infty$

I_C/mA			2.0	
u_o/mV				
A_u				

测量 I_C 时，要先将信号源输出旋钮旋至零（使 $u_i=0$）。

4. 观察静态工作点对输出波形失真的影响

置 $R_C=2.4$ kΩ，$R_L=2.4$ kΩ，$u_i=0$，调节 R_P 使 $I_C=2.0$ mA，测出 U_{CE} 值，再逐渐加大输入信号，使输出电压 u_o 足够大但不失真。然后保持输入信号不变，分别增大和减小 R_P，使波形出现失真，绘出 u_o 的波形，并测出失真情况下的 I_C 和 U_{CE} 值，把结果计入表 2-4。每次测 I_C 和 U_{CE} 值时都要将信号源的输出旋钮旋至零。

表 2-4　$R_C=2.4$ kΩ　$R_L=2.4$ kΩ　$u_i=0$

I_C/mA	U_{CE}/V	u_o 波形	失真情况	晶体管工作状态
2.0				

点拨

1. 测量时一定要先进行静态工作点的测量，要找到合适的静态工作点。
2. 静态工作点是否合适，对放大器的性能和输出波形都有很大影响。

任务评价

测评内容	配分	评分标准	操作时间/min	扣分	得分
静态电路分析	40	1. 测试数据全错，扣40分； 2. 测试数据错误1~5处，每处扣8分； 3. 仪器仪表使用不当，扣10分	40		
动态电路分析	40	1. 测试数据全错，扣40分； 2. 测试数据错误1~5处，每处扣8分； 3. 仪器仪表使用不当，每处扣10分	40		
安全文明操作	10	违反安全生产规程，视现场具体违规情况扣分			
定额时间 （80 min）	10	开始时间 （　　） 结束时间 （　　）	每超时 2 min 扣 5 分		
合计总分	100				

任务反思

1. 能否用数字电压表直接测量晶体管的 U_{BE}？为什么试验中要采用测 U_B、U_E，再间接算出 U_{BE} 的方法？

2. 当调节偏置电阻 R_{B2}，使放大器输出波形出现饱和失真或截止失真时，晶体管的管压降 U_{CE} 怎样变化？

3. 改变静态工作点对放大器的输入电阻 r_i 有无影响？改变外接电阻 R_L 对输出电阻 r_o 有无影响？

4. 在测试 A_u、r_i 和 r_o 时怎样选择输入信号的大小和频率？为什么信号频率一般选 1 kHz，而不选 100 kHz 或更高？

5. 测试中，如果将信号源、交流毫伏表、双踪示波器中任一仪器的两个测试端子接线换位（各仪器的接地端不再连在一起），将会出现什么问题？

子任务 2　负反馈放大器的调试

任务目的

1. 加深理解放大电路中引入负反馈的方法；
2. 会分析负反馈对放大器各项性能指标的影响。

任务说明

正、负反馈的判别

负反馈在电子电路中有着非常广泛的应用。虽然它使放大器的放大倍数降低，但能在多方面改善放大器的动态参数，如稳定放大倍数，改变输入、输出电阻，减小非线性失真和展宽通频带等。因此，绝大多数的实用放大器都带有负反馈。

负反馈放大器有四种组态，即电压串联负反馈、电压并联负反馈、电流串联负反馈、电流并联负反馈。本任务以电压串联负反馈为例，分析负反馈对放大器各项性能指标的影响。

（1）图 2-3 所示为带有负反馈的两级阻容耦合放大电路，在电路中通过 R_f 把输出电压 u_o 引回到输入端,加在晶体管 T_1 的发射极上,在发射极电阻 R_{F1} 上形成反馈电压 u_{fo},根据反馈的判别方法可知,电路引入的是电压串联负反馈。

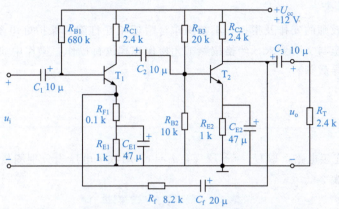

图 2-3　带有负反馈的两级阻容耦合放大电路

（2）测量基本放大器的动态参数时,怎样才能实现无反馈而得到基本放大器呢?不能简单地断开反馈支路,而是要去掉反馈作用,但又要把反馈网络的影响（负载效应）考虑到基本放大器中去。为此,在画基本放大器的输入回路时,因为是电压负反馈,所以可将负反馈放大器的输出端交流短路,即令 $u_o=0$,此时 R_f 相当于并联在 R_{F1} 上。在绘制基本放大器的输出回路时,由于输入端是串联负反馈,因此需要将反馈放大器的输入端（T_1 管的发射极）开路,此时（R_f+R_{F1}）相当于并接在输出端,可近似认为 R_f 并接在输出端（图 2-4）。

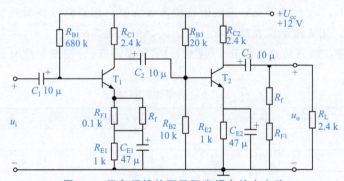

图 2-4　无负反馈的两级阻容耦合放大电路

任务准备与要求

1. 仪器仪表及工具准备

（1）双踪示波器、函数信号发生器、交流毫伏表、直流电压表等;

（2）晶体三极管 3DG6×2（$\beta=50\sim100$）或 9011×2 及电阻等。

2. 教师准备

提前布置实训任务,让学生预习有关知识;按照预先的每 3 人分组,准备好实训材料和工具,制定好实训程序和步骤,指导学生进行实训活动。

3. 学生准备

做好知识的预习与储备,提前分析负反馈放大电路的测试方法及负反馈对放大器各项性能指标的影响，制定反馈放大电路的工作程序，严格遵照实训指导书的操作要求和注意事项，按照组内分工积极参与实训活动。

4. 安全与文明要求

学生听从指导教师的安排及指挥，不在操作台附近相互打闹；保护好电子仪器仪表及工具；遵守实训须知的安全与文明要求；严格按照工艺操作规程进行操作，操作中如发现故障，应立即停止操作并报告指导教师。

任务实施

1. 测量静态工作点

按图 2-3 所示连接电路，取 $U_{cc}=+12\text{ V}$，$u_i=0$，用数字电压表分别测量第一级、第二级的静态工作点，记入表 2-5。

表 2-5 静态工作点的测量

级数	U_B/V	U_E/V	U_C/V	I_C/mA
第一级				
第二级				

2. 测试基本放大器的各项性能指标

将测量电路按图 2-4 改接，即把 R_f 断开后分别并在 R_{F1} 和 R_L 上，其他连线不动，取 $U_{cc}=+12\text{ V}$。

（1）测量中频电压放大倍数 A_u，输入电阻 r_i 和输出电阻 r_o。

1）以 $f=1\text{ kHz}$，u_B 约为 5 mV 正弦信号输入放大器，用双踪示波器观察输出波形 u_o，在 u_o 不失真的情况下，用交流毫伏表测量 u_i、u_o、u_L，记入表 2-6。

2）保持 u_S 不变，断开负载电阻 R_L（注意，R_f 不要断开），测量空载时的输出电压 u_o，记入表 2-6。

表 2-6 动态性能参数

仪器	u_S/mV	u_i/mV	u_L/mV	u_o/mV	A_u	r_i	r_o
基本放大器							
负反馈放大器							

（2）测量通频带。接上 R_L，保持（1）中的 u_S 不变，然后增加和减小输入信号的频率，找出上、下限频率 f_h 和 f_l，记入表 2-7。

表 2-7 通频带的测量

仪器	f_l	f_h	A_f
基本放大器			
负反馈放大器			

3. 测试负反馈放大器的各项性能指标

将电路恢复为图 2-3 所示的负反馈放大电路。适当加大 u_S（约 10 mV），在输出波形不失真的条件下，用（2）中的方法测量负反馈放大器的 A_{uf}、r_{if} 和 r_{of}，记入表 2-6；测量 f_{hf} 和 f_{lf}，记入表 2-7。

4. 观察负反馈对非线性失真的改善

（1）将电路改接成基本放大器形式，在输入端加入 $f=1\text{ kHz}$ 的正弦信号，输出端接双踪示波器，逐渐增大输入信号的幅度，使输出波形出现失真，记下此时的波形和输出电压的幅度。

（2）再将电路改接成负反馈放大器形式，增大输入信号幅度，使输出电压幅度的大小与（1）相同，比较有负反馈时，输出波形的变化。

点拨

1. 连接电路前先用万用表"欧姆挡"或"蜂鸣挡"检测导线的通断。
2. 在测量静态工作点时要使用直流电压表或万用表的直流电压挡。

任务评价

测评内容	配分	评分标准	操作时间/min	扣分	得分
静态电路分析	30	1. 测试数据全错，扣 30 分； 2. 测试数据错误 1～5 处，每处扣 6 分； 3. 仪器仪表使用不当扣 10 分	40		
动态电路分析	50	1. 测试数据全错，扣 50 分； 2. 测试数据错误 1～5 处每处扣 10 分； 3. 仪器仪表使用不当，每处扣 10 分	40		
安全文明操作	10	违反安全生产规程，视现场具体违规情况扣分			
定额时间 （80 min）	10	开始时间 （　　） 结束时间 （　　）	每超时 2 min 扣 5 分		
合计总分	100				

任务反思

1. 怎样把负反馈放大器改接成基本放大器？为什么要把 R_f 并接在输入和输出端？
2. 如果按深度负反馈估算，则闭环电压放大倍数 A_{uf} 是多少？和测量值是否一致？为什么？
3. 如果输入信号存在失真，能否用负反馈来改善？
4. 怎样判断放大器是否存在自激振荡？如何进行消振？

子任务 3　差动放大电路的调试

任务目的

1. 加深对差动放大电路性能及特点的理解；
2. 学习差动放大电路主要性能指标的测试方法。

任务说明

图 2-5 所示为差动放大器的基本结构。它由两个元件参数相同的基本共射极放大电路组成。当开关 K 拨向左边时，构成典型的差动放大器。调零电位器 R_P 用来调节 T_1、T_2 管的静态工作

点，使输入信号 $u_i=0$ 时，双端输出电压 $u_o=0$。R_E 为两管共用的发射极电阻，它对差模信号无负反馈作用，因而不影响差模电压放大倍数，但对共模信号有较强的负反馈作用，故可以有效地抑制零漂，稳定静态工作点。

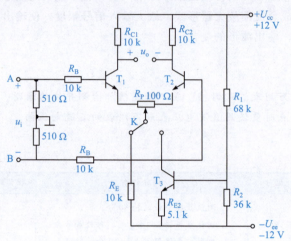

图 2-5　差动放大器基本结构

当开关 K 拨向右边时，构成具有恒流源的差动放大器，用晶体管恒流源代替发射极电阻 R_E，可以进一步提高差动放大器抑制共模信号的能力。

任务准备与要求

1. 仪器仪表及工具准备

（1）双踪示波器、函数信号发生器、交流毫伏表、直流电压表等；

（2）EEL-07 组件；

（3）晶体三极管 3DG6×3 或 9011×3。

2. 教师准备

提前布置实训任务，让学生预习有关知识；按照预先的每 3 人分组，准备好实训材料和工具，制定好实训程序和步骤，指导学生进行实训活动。

3. 学生准备

做好知识的预习与储备，提前分析差动放大电路主要性能指标的测试方法，制定差动放大电路的工作程序，严格遵照实训指导书的操作要求和注意事项，按照组内分工积极参与实训活动。

4. 安全与文明要求

学生听从指导教师的安排及指挥，不在操作台附近相互打闹；保护好电子仪器仪表及工具；遵守实训须知的安全与文明要求；严格按照工艺操作规程进行操作，操作中如发现故障，应立即停止操作并报告指导教师。

任务实施

1. 典型差动放大器性能测试

按图 2-5 所示连接电路，开关 K 拨向左边构成典型差动放大器。

(1) 测量静态工作点。

1) 调节放大器零点。不接入信号源，将放大器输入端 A、B 与地短接，接通 ±12 V 直流电源，用数字电压表测量输出电压 u_o，调节调零电位器 R_P，使 $u_o = 0$。调节时要仔细，力求准确。

2) 测量静态工作点。零点调好以后，用数字电压表测量 T_1、T_2 管各电极电位及射极电阻 R_E 两端电压 U_{RE}，记入表 2-8。

表 2-8　静态工作点的测量

	U_{C1}/V	U_{B1}/V	U_{E1}/V	U_{C2}/V	U_{B2}/V	U_{E2}/V	U_{RE}/V
测量值							
计算值	I_C/mA		I_B/mA			U_{CE}/V	

(2) 测量差模电压放大倍数。断开直流电源，将信号源的输出端接放大器输入 A 端，地端接放大器输入 B 端，构成双端输入方式（注意：此时信号源浮地），调节输入信号频率 $f = 1\ \text{kHz}$，输出旋钮旋至零，用双踪示波器观测输出端。

接通 ±12 V 直流电源，逐渐增大输入电压 u_i（约 100 mV），在输出波形无失真的情况下，用交流毫伏表测 u_i、U_{C1}、U_{C2}，记入表 2-9，并观察 u_i、U_{C1}、U_{C2} 之间的相位关系及 U_{RE} 随 u_i 改变而变化的情况（如果测 u_i 时因浮地有干扰，可分别测 A 点和 B 点对地电压，两者之差为 u_i）。

(3) 测量共模电压放大倍数。将放大器 A、B 短接，信号源接 A 端与地之间，构成共模输入方式，调节输入信号 $f = 1\ \text{kHz}$，$u_i = 1\ \text{V}$，在输出电压无失真的情况下，测量 U_{C1}、U_{C2} 的值记入表 2-9，并观察 u_i、U_{C1}、U_{C2} 之间的相位关系及 U_{RE} 随 u_i 变化而改变的情况。

表 2-9　动态性能参数

参数	典型差动放大电路		具有恒流源差动放大电路	
	双端输入	共模输入	双端输入	共模输入
u_i	100 mV	1 V	100 mV	1 V
U_{C1}/V				
U_{C2}/V				
A_d		/		/
A_0	/		/	
CMRR				

2. 具有恒流源的差动放大电路性能测试

将图 2-5 所示电路中开关 K 拨向右边，构成具有恒流源的差动放大电路。重复内容 1 的要求，把结果记入表 2-8、表 2-9。

点拨

1. 测量差模电压放大倍数时，要求此时信号源浮地。浮地即该电路的地与大地无导体连接。

2. 为了避免干扰，放大器与每个电子仪器、仪表的连接应"共地"，即把所有的地与放大器的地连在一起。

3. 注意共模电路和差模电路的不同。

任务评价

测评内容	配分	评分标准	操作时间/min	扣分	得分
典型差动放大器性能测试	50	1. 测试数据全错，扣50分； 2. 测试数据错误1～5处，每处扣10分； 3. 仪器仪表使用不当，每处扣10分	50		
具有恒流源的差动放大电路性能测试	30	1. 测试数据全错，扣30分； 2. 测试数据错误1～5处，每处扣6分； 3. 仪器仪表使用不当，每处扣10分	40		
安全文明操作	10	违反安全生产规程，视现场具体违规情况扣分			
定额时间（90 min）	10	开始时间（　　）结束时间（　　） 每超时2 min扣5分			
合计总分	100				

任务反思

1. 测量静态工作点时，放大器输入端 A、B 与地应如何连接？
2. 实验中怎样获得双端和单端输入差模信号？怎样获得共模信号？
3. 怎样进行静态调零点？用什么仪表测 u_o？
4. 怎样用交流电压表测双端输出电压 u_o？

子任务 4　集成运算放大器的基本应用

任务目的

1. 研究由集成运放组成的比例、加法、减法和积分等基本运算电路的功能；
2. 了解集成运算放大器在实际应用时应考虑的一些问题。

任务说明

集成运算放大器（简称集成运放）是一种具有高电压放大倍数的直接耦合多级放大电路。当外部接入不同的线性或非线性元器件组成负反馈电路时，可以灵活地实现各种特定的函数关系。在线性应用方面，可组成比例、加法、减法、积分、微分、对数等模拟运算电路。

1. 反相比例运算电路

如图 2-6 所示为反相比例运算电路。对于理想运放，该电路的输出电压与输入电压之间的关系为

$$u_o = -\frac{R_f}{R_1} u_i$$

为了减小输入级偏置电流引起的运算误差，在同相端应接入平衡电阻 $R_2 = R_1 // R_f$。

2. 反相加法运算电路

反相加法运算电路如图 2-7 所示，输出电压与输入电压之间的关系为

$$u_o = -R_f i_f = -R_f\left(\frac{u_{i1}}{R_1} + \frac{u_{i2}}{R_2}\right)$$

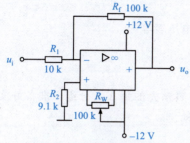
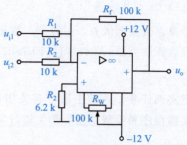

图 2-6　反相比例运算电路　　　　　图 2-7　反相加法运算电路

3. 同相比例运算电路

图 2-8（a）所示是同相比例运算电路，它的输出电压与输入电压之间的关系为

$$u_o = -\left(1 + \frac{R_f}{R_1}\right)u_i$$

当 $R_1 \to \infty$，$u_o = u_i$，即得到如图 2-8（b）所示的电压跟随器，图中 $R_2 = R_f$，用以减小漂移和起保护作用。一般 R_f 取 10 kΩ，R_f 太小起不到保护作用，太大则影响跟随性。

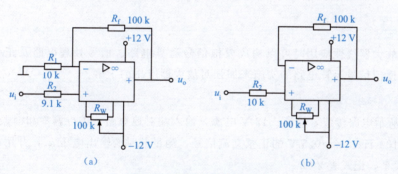

（a）　　　　　　　　　　　（b）

图 2-8　同相比例运算电路

（a）同相比例运算电路；（b）电压跟随器

4. 差动放大器电路（减法器）

对于图 2-9 所示的减法运算电路，输出电压与输入电压有如下关系式：

$$u_o = \left(1 + \frac{R_f}{R_1}\right)\left(\frac{R_3}{R_2 + R_3}\right)u_{i1} - \frac{R_f}{R_1}u_{i2}$$

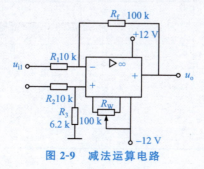

图 2-9　减法运算电路

项目 2　工业产品基本电路的设计与测试　71

任务准备与要求

1. 仪器仪表及工具准备

（1）信号源、交流毫伏表、示波器、数字直流电压表等；

（2）集成运算放大器μA741×1、EEL-07 组件。

2. 教师准备

提前布置实训任务，让学生预习有关知识；按照预先的每 3 人分组，准备好实训材料和工具，制定好实训程序和步骤，指导学生进行实训活动。

3. 学生准备

做好知识的预习与储备，提前研究由集成运放组成的比例、加法、减法和积分等基本运算电路的功能，制定集成运放电路的工作程序，严格遵照实训指导书的操作要求和注意事项，按照组内分工积极参与实训活动。

4. 安全与文明要求

学生听从指导教师的安排及指挥，不在操作台附近相互打闹；保护好电子仪器仪表及工具；遵守实训须知的安全与文明要求；严格按照工艺操作规程进行操作，操作中如发现故障，应立即停止操作并报告指导教师。

任务实施

集成运算放大器线性应用时可以构成模拟信号运算电路、信号处理电路及正弦波振荡电路等。可以通过模拟信号运算电路的实施来加强对放大器应用的了解。

1. 反相比例运算电路

按图 2-6 所示电路接线，接通±12 V 电源，输入端对地短路，进行调零和消振。

输入 $f=100$ Hz、$u_i=0.5$ V 的正弦交流信号，测量此时的输出电压 u_o，并用示波器观察 u_o 和 u_i 的相位关系，记入表 2-10。

表 2-10　反相比例运算电路

u_i/V	u_o/V	u_i 波形	u_o 波形	A_u	
				实测值	计算值

2. 同相比例运算电路

按图 2-8（a）所示电路连接实验电路，实验步骤同上，将结果记入表 2-11。

将图 2-8（a）中的 R_1 断开，得图 2-8（b）所示电路重复内容 1。

表 2-11 同相比例运算电路

u_i/V	u_o/V	u_i 波形	u_o 波形	A_u	
				实测值	计算值

3. 反相加法运算电路

按图 2-7 所示电路接线，进行调零和消振。

输入信号采用直流信号，操作时要注意选择合适的直流信号幅度，以确保集成运放工作在线性区。用数字电压表测量输入电压 u_{i1}、u_{i2} 及输出电压 u_o，记入表 2-12。

表 2-12 反相加法运算电路

u_{i1}/V			
u_{i2}/V			
u_o/V			

4. 减法运算电路

按图 2-9 所示电路接线，进行调零和消振。

采用直流输入信号，实验步骤同内容 3，记入表 2-13。

表 2-13 减法运算电路

u_{i1}/V			
u_{i2}/V			
u_o/V			

点拨

1. 操作前要看清集成运放组件各引脚的位置，切忌将正、负电源极性接反和输出端短路，否则将会损坏集成模块。

2. 连接电路时，先连接芯片的电源和地引脚，再连接其他引脚。
3. 不要在集成运放输出端直接并接电容，不要在放大电路反馈回路并接电容。

任务评价

测评内容	配分	评分标准	操作时间/min	扣分	得分
比例运算 电路测量	30	1. 测试数据全错，扣 30 分； 2. 测试数据错误 1～5 处，每处扣 6 分	40		
加法运算 电路测量	30	1. 测试数据全错，扣 30 分； 2. 测试数据错误 1～5 处，每处扣 6 分	20		
减法运算 电路测量	20	1. 测试数据全错，扣 20 分； 2. 测试数据错误 1～5 处，每处扣 4 分	20		
安全文明操作	10	违反安全生产规程，视现场具体违规情况扣分			
定额时间 （80 min）	10	开始时间（　　） 结束时间（　　）	每超时 2 min 扣 5 分		
合计总分	100				

任务反思

1. 在反相加法器中，如 u_{i1} 和 u_{i2} 均采用直流信号，并选定 $u_{i2}=-1\ \text{V}$，当考虑到运算放大的最大输出幅度（±12 V）时，$|u_{i1}|$ 的大小不应超过多少伏？
2. 在积分电路中，如 $R_1=100\ \text{k}\Omega$，$C=4.7\ \mu\text{F}$，求时间常数。假设 $u_i=0.5\ \text{V}$，问要使输出电压 u_o 达到 5 V，需多长时间（设 $u_{c(o)}=0$）？
3. 为了不损坏集成模块，实验中应注意什么问题？

子任务 5　直流模稳压电源的设计

任务目的

1. 研究单相桥式整流电路、电容滤波电路的特性；
2. 掌握稳压电源主要技术指标的测试方法；
3. 研究集成稳压器的特点和性能指标的测试方法。

任务说明

电子设备一般需要直流电源供电，这些直流电除了少数直接运用于电池和直流发电机外，大多数是采用将交流电转变为直流电的直流稳压电源。

直流稳压电源由电源变压器、整流电路、滤波器和稳压电路四部分组成。电网供给的交流电压 u_i（220 V，50 Hz）经电源变压器降压后，得到符合电路需要的交流电压 u_2，然后由整流电路变换成方向不变、大小随时间变化的脉动电压 U_3，再用滤波器滤去其交流分量，就可以得到比较平直的直流输出电压 U_r。但这样的直流输出电压，还会随交流电网电压的波动或负载的变化而变化。在对直流供电要求较高的场合，还需要使用稳压电路，以保证直流输出电压更加稳定。

随着半导体工艺的发展，稳压电路也被制成集成器件。由于集成稳压器具有体积小、外接线路简单、使用方便、工作可靠和通用性强等优点，因此在各种电子设备中应用十分普遍，基本上取代了由分立元件构成的稳压电路。集成稳压器的种类很多，应根据设备对直流电源的要求来进行选择。对于大多数电子仪器、设备和电子电路，通常是选用串联线性集成稳压器。而在这种类型的器件中，又以三端式集成稳压器应用最为广泛。

三端式集成稳压器的输出电压是固定的，在使用中不能进行调整。W78 系列三端式集成稳压器输出正极性电压，一般有 5 V、6 V、8 V、12 V、15 V、18 V、24 V 七个档次，输出电流最大可达 1.5 A（加散热片）。同类型 W78M 系列三端式集成稳压器的输出电流为 0.5 A，W78L 系列三端式集成稳压器的输出电流为 0.1 A。若要求负极性输出电压，则可选用 W79 系列三端式集成稳压器。它的主要参数有输出直流电压 $U_o = +9$ V。最大输出电流：L 型号组成中 L 代表 0.1 A，M 代表 0.5 A。电压调整率为 10 mV/V，输出电阻 $r_o = 0.15$ Ω，输入电压 U_r 的范围为 12～16 V。因为一般 U_r 要比 U_o 大 3～5 V，才能保证集成稳压器工作在线性区。

图 2-10 所示是用三端式集成稳压器 W7812 构成的单电源电压输出串联型稳压电源电路。其中，整流部分采用了由四个二极管组成的桥式整流器成品（又称桥堆），型号为 1CQ-4B。滤波电容 C_1、C_2 一般选取几百～几千微法。当稳压器距离整流滤波电路比较远时，在输入端必须接入电容器 C_3（数值为 0.33 μF），以抵消线路的电感效应，防止产生自激振荡。输出端电容 C_4（0.1 μF）用以滤除输出端的高频信号，改善电路的暂态响应。

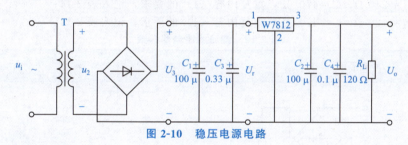

图 2-10　稳压电源电路

任务准备与要求

1. 仪器仪表及工具准备

（1）可调交流电源、示波器、交流毫伏表、直流电压表、毫安表等；

（2）EEL-07 组件；

（3）变阻器 200 Ω、晶体三极管 3DG6×2（9011×2）、晶体三极管 3DG12×1（9013×1）、晶体二极管 2CZ54B×4、稳压管 2CW12。

2. 教师准备

提前布置实训任务，让学生预习有关知识；按照预先的每 3 人分组，准备好实训材料和工具，制定好实训程序和步骤，指导学生进行实训活动。

3. 学生准备

做好知识的预习与储备，提前研究单相桥式整流、电容滤波电路的特性，分析串联型稳压电源主要技术指标的测试方法，制定直流稳压电源电路的工作程序，严格遵照实训指导书的操作要求和注意事项，按照组内分工积极参与实训活动。

4. 安全与文明要求

学生听从指导教师的安排及指挥，不在操作台附近相互打闹；保护好电子仪器仪表及工具；遵守实训须知的安全与文明要求；严格按照工艺操作规程进行操作，操作中如发现故障，应立即停止操作并报告指导教师。

任务实施

1. 整流滤波电路测试

按图 2-11 所示电路接线。调压器输出手柄旋至零位，接通 220V 交流电源，调节调压器副边电压使 $u_2 = 17$ V。

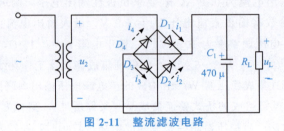

图 2-11 整流滤波电路

(1) 取 $R_L = 240\ \Omega$，不加滤波电容，测量直流输出电压 u_2 及纹波电压 u_L，并用示波器观察 u_2 和 u_L 波形，记入表 2-14。

(2) 取 $R_L = 240\ \Omega$，$C = 470\ \mu F$，重复内容（1）的要求，记入表 2-14；

(3) 取 $R_L = 120\ \Omega$，$C = 470\ \mu F$，重复内容（1）的要求，记入表 2-14。

表 2-14 整流滤波电路参数

电路形式	u_2/V	u_L/V	u_L 波形
$R_L = 240\ \Omega$			
$R_L = 240\ \Omega$ $C = 470\ \mu F$			
$R_L = 120\ \Omega$ $C = 470\ \mu F$			

2. 集成稳压器性能测试

按图 2-10 所示电路接线，取负载电阻 $R_L = 120\ \Omega$。

(1) 初测。接通电源，缓慢增大调压器输出电压，注意观察集成稳压器输出电压的变化。调节 $u_2 = 18$ V，测量滤波电路输出电压 U_r，集成稳压器输出电压 U_o，它们的数值应与理论值大致符合，否则说明电路出了故障。设法查找故障并加以排除。

电路经初测进入正常工作状态后，才能进行各项指标的测试。

(2) 各项性能指标测试。

1) 输出电压 U_o 和最大输出电流 I_{omax}。在输出端接负载电阻 $R_L = 120$ Ω，由于 W7812 输出电压 $U_o = 12$ V，因此流过 R_L 的电流为 100 mA。这时 U_o 应基本保持不变，若变化较大，则说明集成模块性能不良。

2) 稳压系数 S 的测量。取 $U_3 = 17$ V，$U_o = 12$ V，$I_o = 100$ mA，改变调压器副边电压使 u_2 为 19 V 和 15 V，分别测出相应的输入电压 u_i 及输出直流电压 U_o，记入表 2-15。

3) 输出电阻 r_o 的测量。取 $u_2 = 17$ V，$U_o = 12$ V，$I_o = 100$ mA，改变变阻器位置，使 $I_o = 50$ mA 和 0，测量相应的 U_o 值，记入表 2-16。

4) 输出纹波电压的测量。取 $u_2 = 17$ V，$U_o = 12$ V，$I_o = 100$ mA，测量输出纹波电压 $u_L = $ _____。

表 2-15 稳压系数的测量

测试值			计算值
u_2/V	u_i/V	U_o/V	S
15			$S_{12}=$
17			$S_{23}=$
19			

表 2-16 输出电阻的测量

测试值		计算值
I_o/mV	U_o/V	r_o
50		$r_{o12}=$
10	12	
0		$r_{o23}=$

1. 每次改接电路时，必须切断电源。
2. 在观察输出电压 u_L 波形的过程中，"Y 轴灵敏度"旋钮位置调好以后，不要再变动，否则将无法比较各波形的脉动情况。

任务评价

测评内容	配分	评分标准	操作时间/min	扣分	得分
整流滤波电路测试	40	1. 测试数据全错，扣 40 分； 2. 测试数据错误 1～5 处，每处扣 8 分； 3. 仪器仪表使用不当，每处扣 10 分	40		
集成稳压器性能测试	40	1. 测试数据全错，扣 40 分； 2. 测试数据错误 1～5 处，每处扣 8 分； 3. 仪器仪表使用不当，每处扣 10 分	40		
安全文明操作	10	违反安全生产规程，视现场具体违规情况扣分			
定额时间 （80 min）	10	开始时间 （　　） 结束时间 （　　）	每超时 2 min 扣 5 分		
合计总分	100				

任务反思

1. 在桥式整流电路中，能否用双踪示波器同时观察 u_2 和 u_L 波形？为什么？

2. 在桥式整流电路中，如果某个二极管发生开路、短路或反接三种情况，将会出现什么问题？

3. 为了使稳压电源的输出电压 $U_o = 12\text{ V}$，则其输入电压的最小值 $u_{1\min}$ 应等于多少？交流输入电压 $u_{2\min}$ 又怎样确定？

4. 当稳压电源输出不正常，或输出电压 U_o 不随取样电位器 R_P 而变化时，应如何进行检查找出故障所在？

任务 2　组合逻辑电路的设计与测试

子任务 1　TTL 集成逻辑门的参数测试

任务目的

1. 学会 TTL 集成与非门的主要参数、特性的意义及测试方法；
2. 熟悉实验板的基本功能和使用方法。

任务说明

TTL 集成与非门是数字电路中广泛使用的一种逻辑门，本任务采用四输入双与非门 74LS20，即在一片集成模块内含有两个互相独立的与非门，每个与非门有四个输入端。

1. 与非门的逻辑功能

与非门的逻辑功能：当输入端有一个或一个以上的低电平时，输出端为高电平；只有输入端全部为高电平时，输出端才是低电平。对与非门进行测试时，门的输入端接逻辑开关，开关向上为逻辑"1"，向下为逻辑"0"。门的输出端接电平指示器，发光管亮为逻辑"1"，不亮为逻辑"0"。基本测试方法是按真值表逐项测试，便可以判断此门的逻辑功能是否正常。

2. TTL 集成与非门的主要参数

（1）低电平输出电源电流 I_{CCL} 与高电平输出电源电流 I_{CCH}。与非门在不同的工作状态时，电源提供的电流是不同的。I_{CCL} 是指输出端空载，所有输入端全部悬空，与非门处于导通状态，电源提供给器件的电流。I_{CCH} 是指输出端空载，每个门各有一个以上的输入端接地，其余输入端悬空，与非门处于截止状态，电源提供给器件的电流。测试电路如图 2-12（a）、（b）所示。通常 $I_{CCL}>I_{CCH}$，它们的大小标志着与非门在静态情况下的功耗大小。

（2）低电平输入电流 I_{iL} 与高电平输入电流 I_{iH}。I_{iL} 是指被测输入端接地，其余输入端悬空，由被测输入端流出的电流，如图 2-12（c）所示。I_{iH} 是指被测输入端接高电平，其余输入端接地，输出端空载，流入被测输入端的电流，如图 2-12（d）所示。由于 I_{iH} 较小，难以测量，所以一般免于测试此项内容。

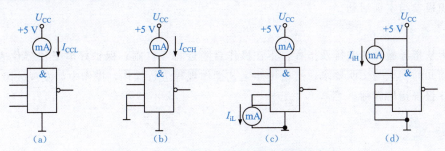

图 2-12　TTL 集成与非门主要参数测试电路

(a) I_{CCL} 测试电路；(b) I_{CCH} 测试电路；(c) I_{iL} 测试电路；(d) I_{iH} 测试电路

（3）扇出系数 N_o。扇出系数是指门电路能驱动同类门的个数，是衡量门电路负载能力的一个参数，TTL 集成与非门有两种不同性质的负载，即灌电流负载和拉电流负载，因此有两种扇出系数,包括低电平扇出系数 N_{oL} 和高电平扇出系数 N_{oH}。低电平扇出系数 N_{oL} 测试电路如图 2-13 所示,门的输入端全部悬空,输出端接灌电流负载,调节 R_L 使 I_{oL} 增大,U_{oL} 随之增高,当 U_{oL} 达到 U_{oLm} 时的 I_{oL} 就是允许灌入的最大负载电流 I_{oLm},则 $N_{oL} = I_{oLm}/I_{iL}$。

(4) 电压传输特性。与非门的输出电压 U_o 随输入电压 U_i 而变化的曲线 $U_o = f(U_i)$ 称为电压传输特性。它是门电路的重要特性之一,通过它可以知道与非门的一些重要参数,如输出高电平 U_{oH}、输出低电平 U_{oL}、关门电平 U_{OFF}、开门电平 U_{ON}、阈值电平 U_T 及抗干扰容限 (U_{NL}、U_{NH}) 等。电压传输特性的测试方法很多,最简单的方法是逐点测试法,测试电路如图 2-14 所示,调节电位器 R_P,逐点测出输入电压 U_i 及输出电压 U_o,绘成曲线。

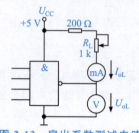   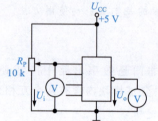

图 2-13　扇出系数测试电路　　　图 2-14　电压传输特性测试电路

任务准备与要求

1. 任务准备

(1) 示波器、直流电源、直流电压表、毫安表等;

(2) EEL-08 组件;

(3) 输入双与非门 74LS20×1。

2. 教师准备

提前布置实训任务,让学生预习有关知识;按照预先的每 3 人分组,准备好实训材料和工具,制定好实训程序和步骤,指导学生进行实训活动。

3. 学生准备

做好知识的预习与储备,提前研究 TTL 集成与非门的主要参数、特性的意义,分析 TTL 集成与非门的测试方法,制定电路的工作程序,严格遵照实训指导书的操作要求和注意事项,按照组内分工积极参与实训活动。

4. 安全与文明要求

学生听从指导教师的安排及指挥,不在操作台附近相互打闹;保护好电子仪器仪表及工具;遵守实训须知的安全与文明要求;严格按照工艺操作规程进行操作,操作中如发现故障,应立即停止操作并报告指导教师。

任务实施

1. 验证 TTL 集成与非门 74LS20 的逻辑功能

取任一个与非门按图 2-15 所示电路连接实验电路,用逻辑开关改变输入端 A_1、B_1、C_1、D_1 逻辑电平,输出端接电平指示器及数字电压表。逐个测试集成模块中两个门,测试结果记入表 2-17。

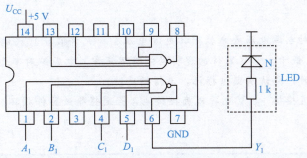

图 2-15　74LS20 的逻辑电路

表 2-17　74LS20 的逻辑功能

输入				输出	
A_n	B_n	C_n	D_n	Y_1	Y_2
1	1	1	1		
0	1	1	1		
1	0	1	1		
1	1	0	1		
1	1	1	0		

2. 74LS20 主要参数的测试

（1）导通电源电流 I_{CCL}。按图 2-12（a）所示电路接线，测试结果记入表 2-18。

（2）截止电源电流 I_{CCH}。按图 2-12（b）所示电路接线，此时应将两个与非门的所有输入端都接地，测试结果记入表 2-18。

表 2-18　74LS20 主要参数

I_{CCL}/mA	I_{CCH}/mA	I_{iL}/μA	I_{oL}/mA	N_o

（3）低电平输入电流 I_{iL}。按图 2-12（c）所示电路接线，测试结果记入表 2-18 中。

（4）扇出系数 N_o。按图 2-13 所示电路接线，调节电位器 R_P，使输出电压 $U_o=0.4$ V，测量此时的 I_{oL}，计算扇出系数，记入表 2-18。

（5）电压传输特性。按图 2-14 所示电路接线，调节电位器 R_P，使 U_i 从 0 V 向高电平变化，逐点测量 U_i 和 U_o 的对应值，记入表 2-19。

表 2-19　电压传输特性

U_i/V	0	0.2	0.4	0.6	0.8	0.9	1.0	1.2	1.6	2.0	2.4	3.0	…
U_o/V													

用示波器观察电压传输特性曲线，将输入电压 U_i 接入示波器 X 轴输入端，输出电压 U_o 接入 Y 轴输入端（Y_A 或 Y_B），调节电位器 R_P，在屏幕上可显现输出电压随输入电压变化光点移动轨迹，即电压传输特性曲线（示波器触发极性开关应置于外接 X 处）。

点拨

1. TTL 集成电路对电源电压要求较严,电源电压 U_{cc} 允许在 ±10% 的电压范围内工作,超过 5.5 V 将损坏器件;低于 4.5 V 器件的逻辑功能将不正常。电源绝对不允许接错。
2. 接插集成模块时,要认清定位标记,不得插反。
3. 输出端不允许直接接 +5 V 电源或直接接地,否则将导致器件损坏。

任务评价

测评内容	配分	评分标准	操作时间/min	扣分	得分
验证 74LS20 的逻辑功能	30	1. 测试数据全错,扣 30 分; 2. 测试数据错误 1~5 处,每处扣 6 分; 3. 仪器仪表使用不当,每处扣 10 分	30		
74LS20 主要参数的测试	50	1. 测试数据全错,扣 50 分; 2. 测试数据错误 1~5 处,每处扣 10 分; 3. 仪器仪表使用不当,每处扣 10 分	50		
安全文明操作	10	违反安全生产规程,视现场具体违规情况扣分			
定额时间 (80 min)	10	开始时间 (　　) 结束时间 (　　)	每超时 2 min 扣 5 分		
合计总分	100				

任务反思

1. TTL 集成与非门闲置输入端如何处理?
2. 为什么 TTL 集成与非门的输入端悬空相当于输入逻辑"1"电平?
3. 与非门的功耗与工作频率和外接负载情况有关吗?为什么?
4. 测量扇出系数的原理是什么?为什么一个门的扇出系数仅由输出端低电平的扇出系数来决定?

子任务 2　加法器的设计

任务目的

1. 学会半加器和全加器的逻辑功能及测试方法;
2. 用中规模集成全加器 74LS183 构成三位并行加法电路。

半加器与全加器的设计

任务说明

在数字系统中,经常需要进行算术运算、逻辑操作及数字大小比较等操作,实现这些运算功能的电路是加法器。加法器是一种组合逻辑电路,主要功能是实现二进制数的算术加法运算。

半加器是指完成两个一位二进制数相加,而不考虑由低位来的进位。半加器逻辑表达式为

$$S_i = \overline{A}B + A\overline{B} = A \oplus B, \quad C_{i+1} = AB$$

全加器是带有进位的二进制加法器，全加器的逻辑表达式为

$S_i = \overline{A_i}\overline{B_i}C_i + \overline{A_i}B_i\overline{C_i} + A_i\overline{B_i}\overline{C_i} + A_iB_iC_i = \overline{(A_i \oplus B_i)}C_i + (A_i \oplus B_i)\overline{C_i} = A_i \oplus B_i \oplus C_i$

$C_{i+1} = \overline{A_i}B_iC_i + A_i\overline{B_i}C_i + A_iB_i\overline{C_i} + A_iB_iC_i = (A_i \oplus B_i)C_i + A_iB_i = \overline{\overline{(A_i \oplus B_i)C_i} \cdot \overline{A_iB_i}}$

全加器有 A_i、B_i、C_i 三个输入端，C_i 为低位来的进位输入端，两个输出端 S_i、C_{i+1}。实现全加器逻辑功能的方案有多种，图 2-16 所示为用与门、或门及异或门构成的全加器，本电路可采用 2 输入四与门 74LS08、2 输入四或门 74LS32、2 输入四异或门 74LS86，其引脚排列如图 2-17～图 2-19 所示。

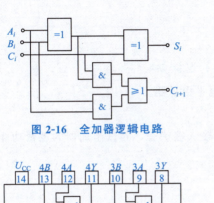

图 2-16 全加器逻辑电路

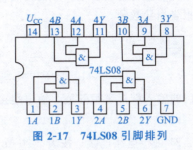

图 2-17 74LS08 引脚排列

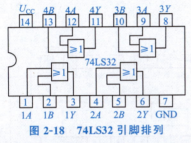

图 2-18 74LS32 引脚排列

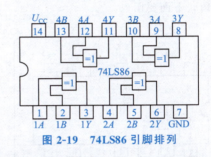

图 2-19 74LS86 引脚排列

中规模集成电路双全加器 74LS183 引脚排列如图 2-20 所示。

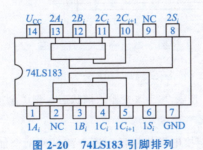

图 2-20 74LS183 引脚排列

任务准备与要求

1. 仪器仪表及工具准备

（1）EEL-08 组件；

（2）2 输入四与门 74LS08×1、2 输入四或门 74LS32×1、2 输入四异或门 74LS86×1、双全加器 74LS183×1。

2. 教师准备

提前布置实训任务，让学生预习有关知识；按照预先的每 3 人分组，准备好实训材料和工具，制定好实训程序和步骤，指导学生进行实训活动。

3. 学生准备

做好知识的预习与储备，提前分析半加器和全加器的逻辑功能及测试方法，制定中规模集成全加器 74LS183 构成三位并行加法电路的工作程序，严格遵照实训指导书的操作要求和注意事项，按照组内分工积极参与实训活动。

4. 安全与文明要求

学生听从指导教师的安排及指挥，不在操作台附近相互打闹；保护好电子仪器仪表及工具；遵守实训须知的安全与文明要求；严格按照工艺操作规程进行操作，操作中如发现故障，应立即停止操作并报告指导教师。

任务实施

1. 分别检查 74LS08、74LS32 及 74LS86 的逻辑功能

各逻辑门的输入端接逻辑开关，输出端接电平指示器。

2. 用 74LS08 和 74LS86 构成一位半加器

参考图 2-21 进行电路连接。按表 2-20 改变输入端状态，测试半加器的逻辑功能并记录结果（此线路保留，下面要用）。

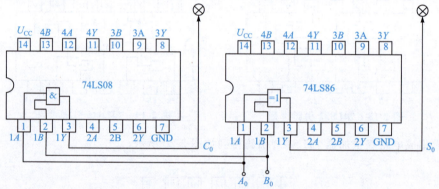

图 2-21 一位半加器电路

3. 用 74LS08、74LS86 及 74LS32 构成一位全加器

参考图 2-16 进行电路连接。按表 2-21 改变输入端状态，测试全加器的逻辑功能并记录结果。

4. 集成全加器 74LS183 逻辑功能测试

输入端接逻辑开关、输出端接电平指示器，逐个测试两个全加器的逻辑功能。

表 2-20 半加器真值表

输入		输出	
A_0	B_0	S_0	C_0
0	0		
0	1		
1	0		
1	1		

表 2-21 全加器真值表

输入			输出	
A_i	B_i	C_{i-1}	S_i	C_{i+1}
0	0	0		
0	0	1		
0	1	0		
0	1	1		
1	0	0		
1	0	1		
1	1	0		
1	1	1		

5. 三位加法电路

参考图 2-22 构成三位加法电路，按表 2-22 改变加数和被加数，记录相加结果。

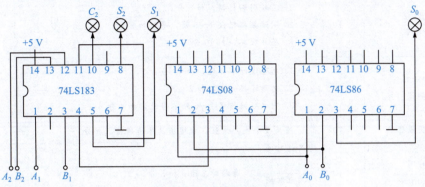

图 2-22 三位加法电路

表 2-22 三位加法电路真值表

加数			被加数			相加结果			
A_2	A_1	A_0	B_2	B_1	B_0	C_2	S_2	S_1	S_0
0	1	1	0	1	0				
0	1	1	1	0	0				
1	0	1	1	1	0				
1	1	1	1	1	1				

点拨

1. 闲置输入端处理方法：

（1）悬空，相当于正逻辑"1"，对一般小规模电路的输入端，实验时允许悬空处理，但是输入端悬空，易受外界干扰，破坏电路逻辑功能，对于中规模以上电路或较复杂的电路，不允许悬空。

（2）直接接入 U_{CC}，或串入一适当阻值电阻（1～10 kΩ）接入 U_{CC}。

（3）若前级驱动能力允许，可以与有用的输入端并联使用。

2. 如有逻辑指示显示不稳、闪烁或芯片发烫、冒烟、异味等异常情况，应立即断开电源并报告指导教师。

任务评价

测评内容	配分	评分标准	操作时间/min	扣分	得分
检查芯片的逻辑功能	10	1. 芯片引脚接错，扣 5 分； 2. 测试数据错误 1～5 处，每处扣 2 分； 3. 芯片损坏，扣 10 分	10		
半加器和全加器的调试	40	1. 电路设计不合理，扣 40 分； 2. 电路连接错误，扣 20 分； 3. 测试数据错误 1～5 处，每处扣 8 分	40		

续表

测评内容	配分	评分标准	操作时间/min	扣分	得分
74LS183逻辑功能测试	10	1. 芯片引脚接错，扣5分； 2. 测试数据错误1～5处，每处扣2分； 3. 芯片损坏，扣10分	10		
三位加法电路的调试	20	1. 电路设计不合理，扣10分； 2. 电路连接错误，扣20分； 3. 测试数据错误1～5处，每处扣4分	20		
安全文明操作	10	违反安全生产规程，视现场具体违规情况扣分			
定额时间 （80 min）	10	开始时间 （　　　） 结束时间 （　　　）	每超时2 min扣5分		
合计总分	100				

任务反思

1. 能否用其他逻辑门实现半加器和全加器？
2. 本任务三位加法电路是如何实现三位二进制数相加的？

子任务3　译码器及其应用

任务目的

1. 学会中规模集成译码器的逻辑功能和使用方法；
2. 熟悉数码管的使用。

任务说明

译码器是一个多输入、多输出的组合逻辑电路。它的作用是把给定的代码进行"翻译"，变成相应的状态，使输出通道中相应的一路有信号输出。译码器在数字系统中有广泛的用途，不仅用于代码的转换、终端的数字显示，还用于数据分配、存储器寻址和组合控制信号等。不同的功能可选用不同种类的译码器。

译码器可分为通用译码器和显示译码器两大类。前者又可分为变量译码器和代码变换译码器。

1. 变量译码器

变量译码器又称二进制译码器，用来表示输入变量的状态，如2线—4线译码器、3线—8线译码器和4线—16线译码器。若有 n 个输入变量，则有 2^n 个不同的组合状态，就有 2^n 个输出端供其使用。而每一个输出所代表的函数对应于 n 个输入变量的最小项。

以3线—8线译码器74LS138为例进行分析，图2-23所示为其逻辑图及引脚排列。其中 A_2、A_1、A_0 为地址输入端，$\overline{Y}_0 \sim \overline{Y}_7$ 为译码输出端，$\overline{S}_1$、$\overline{S}_2$、$\overline{S}_3$ 为使能端。74LS138功能表见表2-23。

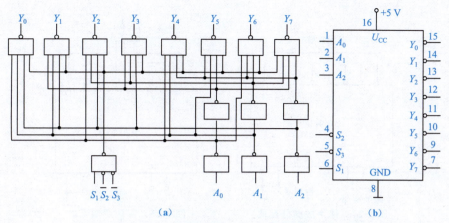

图 2-23 3 线—8 线译码器 74LS138 逻辑图及引脚排列

(a) 74LS138 逻辑图；(b) 74LS138 引脚排列

表 2-23 74LS138 功能表

输入					输出							
S_1	$\overline{S}_2+\overline{S}_3$	A_2	A_1	A_0	$\overline{Y}_0$	$\overline{Y}_1$	$\overline{Y}_2$	$\overline{Y}_3$	$\overline{Y}_4$	$\overline{Y}_5$	$\overline{Y}_6$	$\overline{Y}_7$
1	0	0	0	0	0	1	1	1	1	1	1	1
1	0	0	0	1	1	0	1	1	1	1	1	1
1	0	0	1	0	1	1	0	1	1	1	1	1
1	0	0	1	1	1	1	1	0	1	1	1	1
1	0	1	0	0	1	1	1	1	0	1	1	1
1	0	1	0	1	1	1	1	1	1	0	1	1
1	0	1	1	0	1	1	1	1	1	1	0	1
1	0	1	1	1	1	1	1	1	1	1	1	0
0	×	×	×	×	1	1	1	1	1	1	1	1
×	1	×	×	×	1	1	1	1	1	1	1	1

二进制译码器实际上也是负脉冲输出的脉冲分配器。若利用使能端中的一个输入端输入数据信息，器件就成为一个数据分配器（又称多路分配器），如图 2-24 所示。若在 S_1 输入端输入数据信息，$\overline{S}_2=\overline{S}_3=0$，地址码所对应的输出是 S_1 端数据信息的反码；若从 $\overline{S}_2$ 输入端输入数据信息，令 $S_1=1$，$\overline{S}_3=0$，地址码所对应的输出就是 $\overline{S}_2$ 端数据信息的原码。若数据信息是时钟脉冲，则数据分配器成为时钟脉冲分配器。

根据输入地址的不同组合译出唯一地址，故可用作地址译码器，接成多路分配器，可将一个信号源的数据信息传输到不同的地点。

二进制译码器还能方便地实现逻辑函数，如图 2-25 所示，实现的逻辑函数是

$$Z=\overline{ABC}+\overline{A}B\overline{C}+A\overline{B}\overline{C}+ABC$$

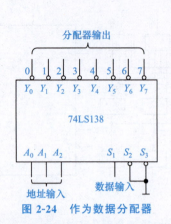

图 2-24 作为数据分配器

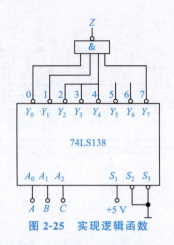

图 2-25 实现逻辑函数

利用使能端能方便地将两个 3 线—8 线译码器组合成一个 4 线—16 线译码器,如图 2-26 所示。

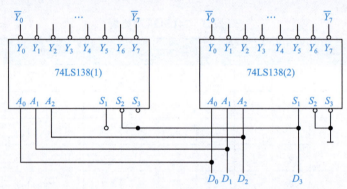

图 2-26 用两片 74LS138 组合成 4 线—16 线译码器

2. 数码显示译码器

(1) 七段发光二极管(LED)数码管。LED 数码管是目前最常用的数字显示器,图 2-27 所示为共阴管和共阳管的电路,图 2-28 所示为两种不同出线形式的引出脚功能。

一个 LED 数码管可用来显示一位 0~9 十进制数和一个小数点。小型数码管每段发光二极管的正向压降,随显示光(通常为红色、绿色、黄色、橙色)的颜色不同略有差别,通常为 2~2.5 V,每个发光二极管的点亮电流为 5~10 mA。LED 数码管要显示 BCD 码所表示的十进制数字,就需要有一个专门的译码器,该译码器不但要完成译码功能,还要有相当的驱动能力。

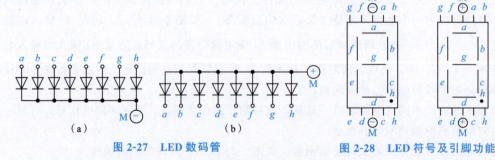

图 2-27 LED 数码管   图 2-28 LED 符号及引脚功能

(a) 共阴连接("1"电平驱动);(b) 共阳连接("0"电平驱动)

（2）BCD 码七段译码驱动器。此类译码器型号有 74LS47（共阳）、74LS48（共阴）、CC4511（共阴）等，本任务采用 CC4511 BCD 码锁存/七段译码/驱动器，驱动共阴极 LED 数码管，图 2-29 所示为 CC4511 引脚排列。

图 2-29　CC4511 引脚排列

其中，A、B、C、D—BCD 码输入端，a、b、c、d、e、f、g—译码输出端，输出"1"有效，用来驱动共阴极 LED 数码管。$\overline{LT}$—测试输入端，$\overline{LT}$＝"0"时，译码输出全为"1"。$\overline{BI}$—消隐输入端，$\overline{BI}$＝"0"时，译码输出全为"0"。LE—锁定端，LE＝"1"时译码器处于锁定（保持）状态。译码输出保持在 LE＝"0"时的数值，LE＝"0"为正常译 LE 码。

表 2-24 所示为 CC4511 功能表。CC4511 内接有上拉电阻，故只需在输出端与数码管笔段之间串入限流电阻即可工作。译码器还有拒伪码功能，当输入码超过 1001 时，输出全为"0"，数码管熄灭。

表 2-24　CC4511 功能表

输入						输出							显示字形
LE	$\overline{BI}$	$\overline{LT}$	D	C	B	A	a	b	c	d	e	f	g	
×	×	0	×	×	×	×	1	1	1	1	1	1	1	8
×	0	1	×	×	×	×	0	0	0	0	0	0	0	消隐
0	1	1	0	0	0	0	1	1	1	1	1	1	0	0
0	1	1	0	0	0	1	0	1	1	0	0	0	0	1
0	1	1	0	0	1	0	1	1	0	1	1	0	1	2
0	1	1	0	0	1	1	1	1	1	1	0	0	1	3
0	1	1	0	1	0	0	0	1	1	0	0	1	1	4
0	1	1	0	1	0	1	1	0	1	1	0	1	1	5
0	1	1	0	1	1	0	0	0	1	1	1	1	1	6
0	1	1	0	1	1	1	1	1	1	0	0	0	0	7
0	1	1	1	0	0	0	1	1	1	1	1	1	1	8
0	1	1	1	0	0	1	1	1	1	0	0	1	1	9
0	1	1	1	0	1	0	0	0	0	0	0	0	0	消隐
0	1	1	1	0	1	1	0	0	0	0	0	0	0	消隐
0	1	1	1	1	0	0	0	0	0	0	0	0	0	消隐
0	1	1	1	1	0	1	0	0	0	0	0	0	0	消隐
0	1	1	1	1	1	0	0	0	0	0	0	0	0	消隐
0	1	1	1	1	1	1	0	0	0	0	0	0	0	消隐
1	1	1	×	×	×	×	锁存							锁存

在本数字电路实验装置上已完成了译码器 CC4511 和数码管 BS202 之间的连接。实验时，只要接通 +5 V 电源和将十进制数的 BCD 码接至译码器的相应输入端 A、B、C、D 即可显示 0～9 的数字，四位数码管可接受四组 BCD 码输入。CC4511 与 LED 数码管的连接如图 2-30 所示。

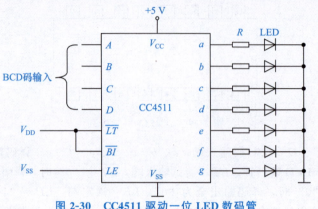

图 2-30　CC4511 驱动一位 LED 数码管

任务准备与要求

1. 仪器仪表及工具准备

（1）+5 V 直流电源、双踪示波器、连续脉冲源；
（2）逻辑电平开关、逻辑电平显示器、拨码开关组；
（3）译码显示器、74LS138、CC4511。

2. 教师准备

提前布置实训任务，让学生预习有关知识；按照预先的每 3 人分组，准备好实训材料和工具，制定好实训程序和步骤，指导学生进行实训活动。

3. 学生准备

做好知识的预习与储备，提前学会中规模集成译码器的逻辑功能和使用方法，制定时序脉冲分配器的工作程序，严格遵照实训指导书的操作要求和注意事项，按照组内分工积极参与实训活动。

4. 安全与文明要求

学生听从指导教师的安排及指挥，不在操作台附近相互打闹；保护好电子仪器仪表及工具；遵守实训须知的安全与文明要求；严格按照工艺操作规程进行操作，操作中如发现故障，应立即停止操作并报告指导教师。

任务实施

1. 数据拨码开关的使用

将实验装置上的四组拨码开关的输出 A_i、B_i、C_i、D_i 分别接至四组显示译码/驱动器 CC4511 的对应输入口，LE、$\overline{BI}$、$\overline{LT}$ 接至三个逻辑开关的输出插口，接上 +5 V 显示器的电源，然后按功能表 2-24 输入的要求按动四个数码的增、减（"+"与"—"）键和操作与 LE、$\overline{BI}$、$\overline{LT}$ 对应的三个逻辑开关，观测拨码盘上的四位数与 LED 数码管显示的对应数字是否一致，以及译码显示是否正常。

2. 74LS138 译码器逻辑功能测试

将译码器使能端 S_1、$\overline{S_2}$、$\overline{S_3}$ 及地址端 A_2、A_1、A_0 分别接至逻辑电平开关输出口，八个输出端 $\overline{Y_7}$～$\overline{Y_0}$ 依次连接在逻辑电平显示器的八个输入口上，拨动逻辑电平开关，按表 2-23 逐项测试 74LS138 的逻辑功能。

3. 用 74LS138 构成时序脉冲分配器

参照图 2-24 和任务原理说明，时钟脉冲 CP 频率约为 10 kHz，要求分配器输出端 $\overline{Y_0}$～$\overline{Y_7}$ 的信号与 CP 输入信号同相。画出分配器的电路图，用双踪示波器观察和记录在地址端 A_2、A_1、A_0 分别取 000～111 8 种不同状态时 $\overline{Y_0}$～$\overline{Y_7}$ 端的输出波形，注意输出波形与 CP 输入波形之间的相位关系，记录于表 2-25。

表 2-25　时序脉冲分配器

A_2	A_1	A_0	$\overline{Y_0}$	$\overline{Y_1}$	$\overline{Y_2}$	$\overline{Y_3}$	$\overline{Y_4}$	$\overline{Y_5}$	$\overline{Y_6}$	$\overline{Y_7}$
0	0	0								
0	0	1								
0	1	0								
0	1	1								
1	0	0								
1	0	1								
1	1	0								
1	1	1								

4. 用 74LS138 构成 4 线—16 线译码器

用两片 74LS138 参照图 2-26 组合成一个 4 线—16 线译码器，并进行测试。

点拨

1. 操作时切忌带电连接线路，应先连线再上电，先断电再拆线。
2. 芯片多余输入端的处理，悬空为高，但不稳定，需按逻辑要求接入电路。输出端的处理，一般不允许并联使用，不允许直接接地或接+5 V 电源。
3. 七段数码管分为共阴极和共阳极两种，在使用时不要选错。

任务评价

测评内容	配分	评分标准	操作时间/min	扣分	得分
数据拨码开关的使用	10	1. 芯片引脚接错，扣 5 分； 2. 测试数据错误 1～5 处，每处扣 2 分； 3. 芯片损坏，扣 10 分	10		
74LS138 译码器逻辑功能测试	10	1. 芯片引脚接错，扣 5 分； 2. 测试数据错误 1～5 处，每处扣 2 分； 3. 芯片损坏，扣 10 分	10		

续表

测评内容	配分	评分标准	操作时间/min	扣分	得分
用74LS138构成时序脉冲分配器	30	1. 电子仪器设备使用不熟练，扣10分； 2. 电路连接错误，扣20分； 3. 测试数据错误1~5处，每处扣6分	30		
4线—16线译码器，并进行测试	30	1. 电路设计不合理，扣30分； 2. 电路连接错误，扣20分； 3. 测试数据错误1~5处，每处扣6分	30		
安全文明操作	10	违反安全生产规程，视现场具体违规情况扣分			
定额时间（80 min）	10	开始时间（　　）结束时间（　　）	每超时2 min扣5分		
合计总分	100				

任务反思

1. 译码器的作用是什么？何种译码器可以作为数据分配器使用？为什么？
2. 用74LS138构成时序脉冲分配器，时钟脉冲CP频率改为1 kHz，输出波形会怎样变化？
3. 试用3线—8线译码器74LS138和与非门实现$Y=\overline{A}BC+A\overline{B}C+AB$。

子任务4 组合逻辑电路的设计与测试

任务目的

1. 学会组合逻辑电路的设计方法；
2. 能利用集成电路搭建逻辑电路；
3. 能进行电路的测试与调试。

任务说明

1. 组合逻辑电路设计步骤

最常见的组合逻辑电路一般使用中、小规模集成电路来设计。首先根据设计任务的要求建立输入、输出变量，并列出真值表。其次用逻辑代数或卡诺图化简法求出简化的逻辑表达式，并按实际选用逻辑门的类型修改逻辑表达式。再次根据简化后的逻辑表达式，画出逻辑图，用标准器件构成逻辑电路。最后用实验来验证设计的正确性。

2. 组合逻辑电路设计举例

用与非门设计一个表决电路。当四个输入端中有三个或四个为"1"时，输出端才为"1"。

设计步骤：根据题意列出真值表，见表2-26，再填入卡诺图（表2-27）。

表2-26 表决电路真值表

D	0	0	0	0	0	0	0	0	1	1	1	1	1	1	1	1
A	0	0	0	0	1	1	1	1	0	0	0	0	1	1	1	1

续表

B	0	0	1	1	0	0	1	1	0	0	1	1	0	0	1	1
C	0	1	0	1	0	1	0	1	0	1	0	1	0	1	0	1
Z	0	0	0	0	0	0	0	1	0	0	0	1	0	1	1	1

表 2-27 卡诺图

BC \ DA	00	01	11	10
00				
01			1	
11		1	1	1
10			1	

由卡诺图得出逻辑表达式,并演化成与非的形式:

$$Z = ABC + BCD + ACD + ABD = \overline{\overline{ABC} \cdot \overline{BCD} \cdot \overline{ACD} \cdot \overline{ABD}}$$

根据逻辑表达式画出用"与非门"构成的逻辑电路如图 2-31 所示。

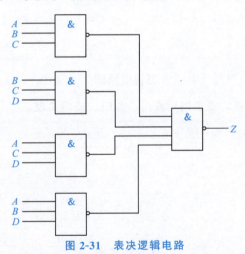

图 2-31 表决逻辑电路

用实验验证逻辑功能。在实验装置适当位置选定三个 14P 插座,按照集成模块定位标记插好集成模块 CC4012。按图 2-31 所示电路接线,输入端 A、B、C、D 接至逻辑电平开关输出插口,输出端 Z 接至逻辑电平显示器输入插口,按真值表(自拟)要求,逐次改变输入变量,测量相应的输出值,验证逻辑功能,与表 2-26 进行比较,验证所设计的逻辑电路是否符合要求。

任务准备与要求

1. 仪器仪表及工具准备

(1) +5 V 直流电源、逻辑电平开关、逻辑电平显示器、直流数字电压表;
(2) CC4011×2(74LS00)、CC4012×3(74LS20)、CC4030(74LS86)、CC4081(74LS08)、74LS54×2(CC4085)、CC4001(74LS02)。

2. 教师准备

提前布置实训任务,让学生预习有关知识;按照预先的每 3 人分组,准备好实训材料和工

具,制定好实训程序和步骤,指导学生进行实训活动。

3. 学生准备

做好知识的预习与储备,提前学会组合逻辑电路的设计方法,能利用集成电路搭建逻辑电路,并制定电路的工作程序,严格遵照实训指导书的操作要求和注意事项,按照组内分工积极参与实训活动。

4. 安全与文明要求

学生听从指导教师的安排及指挥,不在操作台附近相互打闹;保护好电子仪器仪表及工具;遵守实训须知的安全与文明要求;严格按照工艺操作规程进行操作,操作中如发现故障,应立即停止操作并报告指导教师。

任务实施

(1) 设计用与非门及用异或门、与门组成的半加器电路。

要求按本任务所述的设计步骤进行,直到测试电路逻辑功能符合设计要求为止。

逻辑电路图

(2) 设计一个一位全加器,要求用异或门、与门、或门实现。

逻辑电路图

(3) 设计一位全加器,要求用与或非门实现。

逻辑电路图

(4) 设计一个对两个两位无符号的二进制数进行比较的电路;根据第一个数是否大于、等于、小于第二个数,使相应的三个输出端中的一个输出为"1",要求用与门、与非门及或非门实现。

逻辑电路图

点拨

1. 注意组合逻辑电路的竞争与冒险的问题，设计时要考虑逻辑门的延迟时间对电路产生的影响。
2. 注意门电路多余输入端的处理，在使用时一般不让多余的输入端悬空，以防止干扰信号的引入，可将多余端与其他输入端并接在一起，或根据逻辑要求通过几千欧的电阻接正电源。

任务评价

测评内容	配分	评分标准	操作时间/min	扣分	得分
检查芯片的逻辑功能	10	1. 芯片引脚接错，扣5分； 2. 测试数据错误1～5处，每处扣2分； 3. 芯片损坏，扣10分	10		
半加器和全加器的调试	40	1. 电路设计不合理，扣40分； 2. 电路连接错误，扣20分； 3. 测试数据错误1～5处，每处扣8分	40		
74LS183逻辑功能测试	10	1. 芯片引脚接错，扣5分； 2. 测试数据错误1～5处，每处扣2分； 3. 芯片损坏，扣10分	10		
三位加法电路的调试	20	1. 电路设计不合理，扣20分； 2. 电路连接错误，扣10分； 3. 测试数据错误1～5处，每处扣4分	20		
安全文明操作	10	违反安全生产规程，视现场具体违规情况扣分，共10分			
定额时间 （80 min）	10	开始时间（　　） 结束时间（　　）	每超时2 min扣5分		
合计总分	100				

任务反思

1. 根据任务要求设计组合电路，并根据所给的标准器件画出逻辑图。
2. 如何用最简单的方法验证"与或非"门的逻辑功能是否完好？
3. "与或非"门中，当某一输入端不用时，应做如何处理？

项目2　工业产品基本电路的设计与测试

子任务5　数据选择器的应用

任务目的

1. 熟悉中规模集成数据选择器的逻辑功能及测试方法；
2. 学习用数据选择器进行逻辑设计。

任务说明

数据选择器是常用的组合逻辑部件之一，它由组合逻辑电路对数字信号进行控制来完成较复杂的逻辑功能。它有若干个数据输入端（D_0、D_1 等）、若干个控制输入端（A_0、A_1 等）和一个输出端 Y。在控制输入端加上适当的信号，即可从多个输入数据源中将所需的数据信号选择出来，送到输出端。使用时也可以在控制输入端加上一组二进制编码程序的信号，使电路按要求输出一串信号，所以它也是一种可编程序的逻辑部件。

中规模集成芯片 74LS153 为双四选一数据选择器，引脚排列如图 2-32 所示，其中 D_0、D_1、D_2、D_3 为四个数据输入端，Y 为输出端，A_0、A_1 为控制输入端（或称地址端），同时控制双四选一数据选择器的工作，$\overline{G}$ 为工作状态选择端（或称使能端）。74LS153 的逻辑功能见表 2-28，当 $1\overline{G}(=2\overline{G})=1$ 时，电路不工作，此时无论 A_1、A_0 处于什么状态，输出 Y 总为零，即禁止所有数据输出，当 $1\overline{G}(=2\overline{G})=0$ 时，电路正常工作，被选择的数据送到输出端，如 $A_1A_0=01$，则选中数据 D_1 输出。

当 $\overline{G}=0$ 时，74LS153 的逻辑表达式为

$$Y = \overline{A_1}\,\overline{A_0}D_0 + \overline{A_1}A_0D_1 + A_1\overline{A_0}D_2 + A_1A_0D_3$$

中规模集成芯片 74LS151 为八选一数据选择器，引脚排列如图 2-33 所示。其中 $D_0 \sim D_7$ 为数据输入端，$Y(\overline{Y})$ 为输出端，A_2、A_1、A_0 为地址端，74LS151 的逻辑功能见表 2-29。逻辑表达式为

$$Y = \overline{A_2}\,\overline{A_1}\,\overline{A_0}D_0 + \overline{A_2}\,\overline{A_1}A_0D_1 + \overline{A_2}A_1\overline{A_0}D_2 + \overline{A_2}A_1A_0D_3 + A_2\overline{A_1}\,\overline{A_0}D_4 + A_2\overline{A_1}A_0D_5 + A_2A_1\overline{A_0}D_6 + A_2A_1A_0D_7$$

图 2-32　74LS153 引脚排列

表 2-28　74LS153 逻辑功能

输入			输出
$\overline{G}$	A_1	A_0	Y
1	×	×	0
0	0	0	D_0
0	0	1	D_1

续表

输入			输出
0	1	0	D_2
0	1	1	D_3

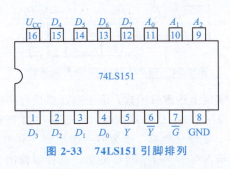

图 2-33　74LS151 引脚排列

表 2-29　74LS151 逻辑功能

输入		输出	
$\overline{G}$	$A_2 A_1 A_0$	Y	$\overline{Y}$
1	× × ×	0	1
0	0 0 0	D_0	$\overline{D_0}$
0	0 0 1	D_1	$\overline{D_1}$
0	0 1 0	D_2	$\overline{D_2}$
0	0 1 1	D_3	$\overline{D_3}$
0	1 0 0	D_4	$\overline{D_4}$
0	1 0 1	D_5	$\overline{D_5}$
0	1 1 0	D_6	$\overline{D_6}$
0	1 1 1	D_7	$\overline{D_7}$

　　数据选择器是一种通用性很强的中规模集成电路，除了能传递数据外，还可用它设计成数码比较器，变并行码为串行码及组成函数发生器。本任务内容为用数据选择器设计函数发生器。

　　用数据选择器可以产生任意组合的逻辑函数，因而用数据选择器构成函数发生器方法简便、线路简单。对于任何给定的三输入变量逻辑函数均可用四选一数据选择器来实现，同时对于四输入变量逻辑函数可以用八选一数据选择器来实现。应当指出，数据选择器实现逻辑函数时，要求逻辑函数式变换成最小项表达式，因此，对函数化简是没有意义的。

　　例如：用八选一数据选择器实现逻辑函数 $F=AB+BC+CA$。

　　写出 F 的最小项表达式：$F=AB+BC+CA=\overline{A}BC+A\overline{B}C+AB\overline{C}+ABC$。

　　先将函数 F 的输入变量 A、B、C 加到八选一的地址端 A_2、A_1、A_0，再将上述最小项表达式与八选一逻辑表达式进行比较（或用两者的卡诺图进行比较），不难得出：$D_0=D_1=D_2=D_4=0$，$D_3=D_5=D_6=D_7=1$。

图 2-34 所示为八选一数据选择器实现 $F=AB+BC+CA$ 的逻辑图。

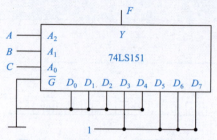

图 2-34 用 74LS151 实现逻辑函数

如果用四选一数据选择器实现上述逻辑函数，由于选择器只有两个地址端 A_1、A_0，而函数 F 有三个输入变量，此时可把变量 A、B、C 分成两组，任选其中两个变量（如 A、B）作为一组加到选择器的地址端，余下的一个变量（如 C）作为另一组加到选择器的数据输入端，并按逻辑函数式的要求求出加到每个数据输入端 $D_0 \sim D_7$ 的 C 的值。选择器输出 Y 便可实现逻辑函数 F。

当函数 F 的输入变量小于数据选择器的地址端时，应将不同的地址端及不用的数据输入端都接地处理。

任务准备与要求

1. 仪器仪表及工具准备

（1）EEL-08 组件；

（2）双四选一数据选择器 74LS153×1（或 CC4512×1）、八选一数据选择器 74LS151×1（或 CC4539×1）。

2. 教师准备

提前布置实训任务，让学生预习有关知识；按照预先的每 3 人分组，准备好实训材料和工具，制定好实训程序和步骤，指导学生进行实训活动。

3. 学生准备

做好知识的预习与储备，提前分析中规模集成数据选择器的逻辑功能及测试方法，能利用集成数据选择器进行逻辑设计，并制定电路的工作程序，严格遵照实训指导书的操作要求和注意事项，按照组内分工积极参与实训活动。

4. 安全与文明要求

学生听从指导教师的安排及指挥，不在操作台附近相互打闹；保护好电子仪器仪表及工具；遵守实训须知的安全与文明要求；严格按照工艺操作规程进行操作，操作中如发现故障，应立即停止操作并报告指导教师。

任务实施

1. 测试 74LS153 双四选一数据选择器的逻辑功能

地址端、数据输入端、使能端接逻辑开关，输出端接 0—1 指示器。按表 2-28 逐项进行功能验证。

2. 用 74LS153 实现下述函数

（1）构成全加器。全加器和数 S_n 及向高位进位数 C_n 的逻辑方程为

$$S_n = \overline{A}\,\overline{B}C_{n-1} + \overline{A}B\overline{C_{n-1}} + A\overline{B}\,\overline{C_{n-1}} + ABC_{n-1}$$

$$C_n = \overline{A}BC_{n-1} + A\overline{B}C_{n-1} + AB\overline{C_{n-1}} + ABC_{n-1}$$

图 2-35 所示为用 74LS153 实现全加器的接线图，按图连接电路，测试全加器的逻辑功能。

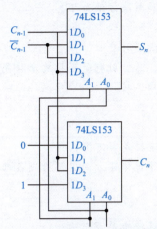

图 2-35　用 74LS153 实现全加器

（2）构成三人表决电路。设计用四选一数据选择器构成三人表决电路，测试逻辑功能。

逻辑电路图

（3）构成函数 $F = \overline{A}C + \overline{B} + A\overline{C}$。

逻辑电路图

3. 测试 74LS151 八选一数据选择器的逻辑功能

按表 2-29 逐项进行功能验证。

4. 用 74LS151 实现下述函数

（1）三人表决电路。按图 2-34 所示电路接线并测试逻辑功能。

（2）$F = A\overline{B} + \overline{A}B$。设计电路并进行实验。

逻辑电路图

点拨

组合逻辑电路常见故障的预防和解决方法如下。

1. 接线错误造成故障：

(1) 按原理图逐层检查电路连线；

(2) 检查集成电路各控制引脚、悬空引脚是否按要求接高、低电平；

(3) 集成电路电源引脚是否正确连接。

2. 接触不良造成故障：

(1) 接线前用万用表检测导线；

(2) 检查集成电路引脚与插座连接是否可靠；

(3) 对于已接好的电路，可按逻辑传递方向逐层检测各门电路输入、输出逻辑是否正确，找出故障点。

3. 芯片损坏造成故障：

(1) 实训前检测门电路基本逻辑状态是否正确；

(2) 用集成电路测试仪检测芯片。

任务评价

测评内容	配分	评分标准	操作时间/min	扣分	得分
测试74LS153逻辑功能	10	1. 芯片引脚接错，扣5分； 2. 测试数据错误1~5处，每处扣2分； 3. 芯片损坏，扣10分	10		
用74LS153实现函数设计	30	1. 电路设计不合理，扣30分； 2. 电路连接错误，扣20分； 3. 测试数据错误1~5处，每处扣6分； 4. 绘制逻辑电路图错误，每处扣2分	30		
测试74LS151逻辑功能	10	1. 芯片引脚接错，扣5分； 2. 测试数据错误1~5处，每处扣2分； 3. 芯片损坏，扣10分	10		
用74LS151实现函数设计	30	1. 电路设计不合理，扣30分； 2. 电路连接错误，扣20分； 3. 测试数据错误1~5处，每处扣6分； 4. 绘制逻辑电路图错误，每处扣2分	30		
安全文明操作	10	违反安全生产规程，视现场具体违规情况扣分			
定额时间 (80 min)	10	开始时间 （　　） 结束时间 （　　）	每超时2 min扣5分		
合计总分	100				

任务反思

1. 设计用四选一数据选择器实现三人表决电路，画出接线图，列出测试表格。
2. 设计用八选一数据选择器实现三人表决电路，画出接线图，列出测试表格。
3. 设计用四选一数据选择器实现 $F=\overline{AC}+\overline{B}+A\overline{C}$，画出接线图，列测试表格。
4. 设计用八选一数据选择器实现 $F=A\overline{B}+\overline{A}B$，画出接线图，列测试表格。
5. 怎样用四选一数据选择器构成十六选一电路？

任务 3　时序逻辑电路的设计与测试

子任务 1　触发器

任务目的

1. 学会基本 RS 触发器、JK 触发器、D 触发器和 T 触发器的逻辑功能；
2. 能利用各类触发器的逻辑功能进行触发器间的相互转换。

与非门组成的基本 RS 触发器

任务说明

触发器是具有记忆功能的二进制信息存储器件，是时序逻辑电路的基本单元。触发器按逻辑功能可分 RS、JK、D、T 触发器；按电路触发方式可分为电平触发器、主从型触发器和边沿型触发器两大类。

图 2-36 所示电路是由两个"与非"门交叉耦合而成的基本 RS 触发器，它是无时钟控制低电平直接触发的触发器，有直接置位、复位的功能，是组成各种功能触发器的基本单元。基本 RS 触发器也可以用两个"或非"门组成，它是高电平直接触发的触发器。

JK 触发器是一种逻辑功能完善、通用性强的集成触发器，在结构上可分为主从型 JK 触发器和边沿型 JK 触发器，在产品中应用较多的是下降沿触发的边沿型 JK 触发器。JK 触发器的逻辑符号如图 2-37 所示。它有三种不同功能的输入端：第一种是直接置位、复位输入端。在 $\overline{S_D}=0$，$\overline{R_D}=1$ 或 $\overline{R_D}=0$，$\overline{S_D}=1$ 时，触发器将不受其他输入端状态影响，使触发器强迫置"1"（或置"0"），当不强迫置"1"（或置"0"）时，$\overline{S_D}$、$\overline{R_D}$ 都应置高电平。第二种是时钟脉冲输入端，用来控制触发器触发翻转（或称为状态更新），用 CP 表示（在国家标准符号中称为控制输入端，用 C 表示），逻辑符号中 CP 端处若有小圆圈，则表示触发器在时钟脉冲下降沿（或负边沿）发生翻转；若无小圆圈，则表示触发器在时钟脉冲上升沿（或正边沿）发生翻转。第三种是数据输入端，它是触发器状态更新的依据，用 J、K 表示。JK 触发器的状态方程为 $Q^{n+1}=J\overline{Q^n}+\overline{K}Q^n$。

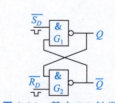　　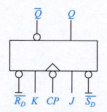

图 2-36　基本 RS 触发器　　图 2-37　JK 触发器

本任务采用 74LS112 型双 JK 触发器，是下降边沿触发的边沿型触发器，引脚排列如图 2-38 所示，表 2-30 所示为其功能表。

D 触发器是另一种使用广泛的触发器，它的基本结构多为维阻型。D 触发器的逻辑符号如图 2-39 所示。D 触发器是在 CP 脉冲上升沿触发翻转，触发器的状态取决于 CP 脉冲到来之前 D 端的状态，状态方程为 $Q^{n+1}=D$。

本实验采用 74LS74 型双 D 触发器，是上升边沿触发的边沿触发器，引脚排列如图 2-40 所示，表 2-31 所示为其功能表。

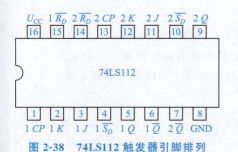

图 2-38 74LS112 触发器引脚排列

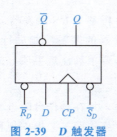

图 2-39 D 触发器

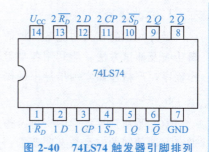

图 2-40 74LS74 触发器引脚排列

表 2-30 74LS112 触发器功能表

输入					输出	
$\overline{S_D}$	$\overline{R_D}$	$\overline{CP}$	J	K	Q^{n+1}	$\overline{Q^{n+1}}$
0	1	×	×	×	1	0
1	0	×	×	×	0	1
0	0	×	×	×	不定	不定
1	1	↓	0	0	Q^n	$\overline{Q^n}$
1	1	↓	0	1	0	1
1	1	↓	1	0	1	0
1	1	↓	1	1	$\overline{Q^n}$	Q^n
1	1	↑	×	×	Q^n	$\overline{Q^n}$

表 2-31 74LS74 触发器功能表

输入				输出	
$\overline{S_D}$	$\overline{R_D}$	CP	D	Q^{n+1}	$\overline{Q^{n+1}}$
0	1	×	×	1	0
1	0	×	×	0	1
0	0	×	×	不定	不定
1	1	↑	1	1	0
1	1	↑	0	0	1
1	1	↓	×	Q^n	$\overline{Q^n}$

不同类型的触发器对时钟信号和数据信号的要求各不相同，一般来说，边沿型触发器要求数据信号超前于触发边沿一段时间出现（称为建立时间），并且要求在边沿到来后继续维持一段时间（称为保持时间）。对于触发边沿陡度也有一定要求（通常要求＜100 ns）。主从型触发器对上述时间参数要求不高，但要求在 $CP=1$ 期间，外加的数据信号不允许发生变化，否则将导致触发器错误输出。

在集成触发器的产品中，虽然每一种触发器都有固定的逻辑功能，但可以利用转换的方法得到其他功能的触发器。如果把 JK 触发器的 J、K 端连在一起（称为 T 端）就构成 T 触发器，状态方程为 $Q^{n+1} = T\overline{Q^n} + \overline{T}Q^n$。

在 CP 脉冲作用下，当 $T=0$ 时，$Q^{n+1}=Q^n$，当 $T=1$ 时，$Q^{n+1}=\overline{Q^n}$。工作在 $T=1$ 时的 JK 触发器称为 T′ 触发器，即每来一个 CP 脉冲，触发器便翻转一次。同样，若把 D 触发器的 $\overline{Q}$ 端和 D 端相连，便转换成 T′ 触发器。T′ 触发器广泛应用于计算电路。值得注意的是转换后的触发器，触发方式仍不变。

任务准备与要求

1. 仪器仪表及工具准备

（1）EEL-08 组件、示波器等；

（2）双 JK 触发器 74LS112×1、双 D 触发器 74LS74×1、2 输入四与非门 74LS00×1。

2. 教师准备

提前布置实训任务，让学生预习有关知识；按照预先的每 3 人分组，准备好实训材料和工具，制定好实训程序和步骤，指导学生进行实训活动。

3. 学生准备

做好知识的预习与储备,提前分析基本 RS 触发器、JK 触发器、D 触发器和 T 触发器的逻辑功能及测试方法,能利用各类触发器的逻辑功能进行触发器间的相互转换,并制定电路的工作程序,严格遵照实训指导书的操作要求和注意事项,按照组内分工积极参与实训活动。

4. 安全与文明要求

学生听从指导教师的安排及指挥,不在操作台附近相互打闹;保护好电子仪器仪表及工具;遵守实训须知的安全与文明要求;严格按照工艺操作规程进行操作,操作中如发现故障,应立即停止操作并报告指导教师。

任务实施

1. 测试基本 RS 触发器的逻辑功能

如图 2-36 所示,用与非门 74LS00 构成基本 RS 触发器。

输入端 $\overline{R_D}$、$\overline{S_D}$ 接逻辑开关,输出端 Q、$\overline{Q}$ 接电平指示器,按表 2-32 要求测试逻辑功能。

主从 JK 触发器

表 2-32 基本 RS 触发器的逻辑功能

$\overline{R_D}$	$\overline{S_D}$	74LS112		74LS74	
		Q	$\overline{Q}$	Q	$\overline{Q}$
1	1→0				
	0→1				
1→0	1				
0→1					
0	0				

2. 测试双 JK 触发器 74LS112 逻辑功能

(1) 测试 $\overline{R_D}$、$\overline{S_D}$ 的复位、置位功能。任取一只 $\overline{R_D}$ 触发器,$\overline{S_D}$、J、K 端接逻辑开关,CP 端接单次脉冲源,Q、$\overline{Q}$ 端接电平指示器,按表 2-30 要求改变 $\overline{R_D}$、$\overline{S_D}$(J、K、CP 处于任意状态),并在 $\overline{R_D}=0$($\overline{S_D}=1$)或 $\overline{S_D}=0$($\overline{R_D}=1$)作用期间任意改变 J、K 及 CP 的状态,观察 Q、$\overline{Q}$ 状态,记录于表 2-32。

(2) 测试 JK 触发器的逻辑功能。按表 2-33 要求改变 J、K、CP 端状态,观察 Q、$\overline{Q}$ 状态变化,观察触发器状态更新是否发生在 CP 脉冲的下降沿(CP 由 1→0),记录于表中。

表 2-33 JK 触发器的逻辑功能

J	K	CP	Q^{n+1}	
			$Q^n=0$	$Q^n=1$
0	0	0→1		
		1→0		
0	1	0→1		
		1→0		
1	0	0→1		
		1→0		
1	1	0→1		
		1→0		

(3) 将 JK 触发器的 J、K 端连在一起，构成 T 触发器。

1) CP 端输入 1 Hz 连续脉冲，用电平指示器观察 Q 端变化情况。

2) CP 端输入 1 kHz 连续脉冲，用双踪示波器观察 CP、Q、$\overline{Q}$ 的波形，注意相位和时间关系，绘制其波形于表 2-34 中。

表 2-34　T 触发器波形图

CP	CP 的波形	Q 的波形	$\overline{Q}$ 的波形
1 Hz			
1 kHz			

3. 测试双 D 触发器 74LS74 的逻辑功能

（1）测试 $\overline{R_D}$、$\overline{S_D}$ 的复位、置位功能。任取一只 D 触发器，$\overline{R_D}$、$\overline{S_D}$、D 端接逻辑开关，CP 端接单次脉冲源，Q、$\overline{Q}$ 端接电平指示器，按表 2-31 要求改变 $\overline{R_D}$、$\overline{S_D}$（D、CP 处于任意状态），并在 $\overline{R_D}=0$（$\overline{S_D}=1$）或 $\overline{S_D}=0$（$\overline{R_D}=1$）作用期间任意改变 D 及 CP 的状态，观察 Q、$\overline{Q}$ 状态，记录于表 2-32 中。

（2）测试 D 触发器的逻辑功能。按表 2-35 要求进行测试，并观察触发器状态更新是否发生在 CP 脉冲的上升沿（由 0→1），记录于表中。

表 2-35　D 触发器的逻辑功能

D	CP	Q^{n+1}	
		$Q^n=0$	$Q^n=1$
0	0→1		
	1→0		
1	0→1		
	1→0		

（3）将 D 触发器的 $\overline{Q}$ 端与 D 端相连接，构成 T′ 触发器。

1) CP 端输入 1 Hz 连续脉冲，用电平指示器观察 Q 端变化情况。

2) CP 端输入 1 kHz 连续脉冲，用双踪示波器观察 CP、Q、$\overline{Q}$ 的波形，注意相位和时间关系，绘制其波形于表 2-36 中。

表 2-36　T′ 触发器的波形图

CP	CP 的波形	Q 的波形	$\overline{Q}$ 的波形
1 Hz			
1 kHz			

(4) 用 JK 触发器将时钟脉冲转换成两相时钟脉冲。按图 2-41 所示连接电路。输入端 CP 接 1 Hz 脉冲源，输出端 Q_A、Q_B 接示波器，观察 CP、Q_A、Q_B 波形，绘制于表 2-37 中。

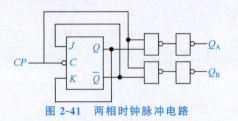

图 2-41 两相时钟脉冲电路

表 2-37 两相时钟脉冲电路的波形

CP 的波形	Q_A 的波形	Q_B 的波形

点拨

时序逻辑电路调试技巧。

1. 通电观察：通电后不要急于测量，而要观察电路有无异常现象，如有无冒烟现象，有无异常气味，手摸集成电路外封装是否发烫等。如果出现异常现象，应立即关断电源，待排除故障后再通电。

2. 静态调试：静态调试一般是指在不加输入信号，或者只加固定的电平信号的条件下所进行的直流测试，可用万用表测出电路中各点的电位，通过和理论估算值比较，结合电路原理的分析，判断电路直流工作状态是否正常，及时发现电路中已损坏或处于临界工作状态的元器件。通过更换器件或调整电路参数，使电路直流工作状态符合设计要求。

3. 动态调试：动态调试是在静态调试的基础上进行的，在电路的输入端加入合适的信号，按信号的流向，顺序检测各测试点的输出信号，若发现不正常现象，应分析其原因，并排除故障，再进行调试，直到满足要求。

任务评价

测评内容	配分	评分标准	操作时间/min	扣分	得分
测试基本 RS 触发器的逻辑功能	10	1. 芯片引脚接错，扣 5 分； 2. 测试数据错误 1～5 处，每处扣 2 分； 3. 芯片损坏，扣 10 分	10		
测试 74LS112 的逻辑功能	30	1. 电路设计不合理，扣 30 分； 2. 电路连接错误，扣 20 分； 3. 测试数据错误 1～5 处，每处扣 6 分； 4. 波形绘制错误，每处扣 2 分	30		
测试 74LS74 的逻辑功能	40	1. 芯片引脚接错，扣 5 分； 2. 测试数据错误 1～5 处，每处扣 2 分； 3. 芯片损坏，扣 10 分； 4. 波形绘制错误，每处扣 2 分	40		

续表

测评内容	配分	评分标准	操作时间/min	扣分	得分
安全文明操作	10	违反安全生产规程，视现场具体违规情况扣分			
定额时间 (80 min)	10	开始时间 (　　) 结束时间 (　　)	每超时 2 min 扣 5 分		
合计总分	100				

任务反思

1. JK 触发器作为 T' 触发器时，它的 CP、Q、$\overline{Q}$ 端的波形图之间的相位和时间关系如何？
2. JK 触发器和 D 触发器在实现正常逻辑功能时 $\overline{R_D}$、$\overline{S_D}$ 应处于什么状态？
3. 触发器的时钟脉冲输入为什么不能用逻辑开关作为脉冲源，而要用单次脉冲源或连续脉冲源？

子任务 2　移位寄存器及其应用

任务目的

1. 学会中规模 4 位双向移位寄存器逻辑功能及使用方法；
2. 能熟练进行数据的串行、并行转换和构成环形计数器的设计。

任务说明

1. 移位寄存器的概念和分类

移位寄存器是一个具有移位功能的寄存器，是指寄存器中所存的代码能够在移位脉冲的作用下依次左移或右移。既能左移又能右移的移位寄存器称为双向移位寄存器，只需要改变左、右移的控制信号便可实现双向移位要求。根据移位寄存器存取信息的方式不同分为串入串出、串入并出、并入串出、并入并出四种形式。

本任务选用的 4 位双向通用移位寄存器，型号为 CC40194 或 74LS194，两者功能相同，可互换使用，其逻辑符号及引脚排列如图 2-42 所示。

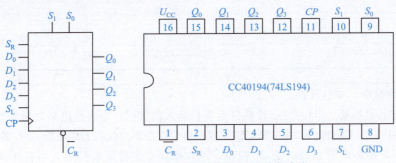

图 2-42　CC40194 的逻辑符号及引脚功能

其中 D_0、D_1、D_2、D_3 为并行输入端；Q_0、Q_1、Q_2、Q_3 为并行输出端；S_R 为右移串行输入端，S_L 为左移串行输入端；S_1、S_0 为操作模式控制端；$\overline{C_R}$ 为直接无条件清零端；CP 为时钟脉冲输入端。

CC40194 有 5 种不同操作模式,即并行送数寄存、右移(方向为 $Q_0 \sim Q_3$)、左移(方向为 $Q_3 \sim Q_0$)、保持及清零。S_1、S_0 和 $\overline{C_R}$ 端的控制作用见表 2-38。

表 2-38 CC40194 控制作用

功能	输入										输出			
	CP	$\overline{C_R}$	S_1	S_0	S_R	S_L	D_0	D_1	D_2	D_3	Q_0	Q_1	Q_2	Q_3
清除	×	0	×	×	×	×	×	×	×	×	0	0	0	0
送数	↑	1	1	1	×	×	a	b	c	d	a	b	c	d
右移	↑	1	0	1	D_{SR}	×	×	×	×	×	D_{SR}	Q_0	Q_1	Q_2
左移	↑	1	1	0	×	D_{SL}	×	×	×	×	Q_1	Q_2	Q_3	D_{SL}
保持	↑	1	0	0	×	×	×	×	×	×	Q_0^n	Q_1^n	Q_2^n	Q_3^n
保持	↑	1	×	×	×	×	×	×	×	×	Q_0^n	Q_1^n	Q_2^n	Q_3^n

2. 移位寄存器的应用

移位寄存器应用很广,可构成移位寄存器型计数器、顺序脉冲发生器、串行累加器,可用作数据转换,即把串行数据转换为并行数据,或把并行数据转换为串行数据等。本任务研究移位寄存器用作环形计数器的设计和数据的串、并行转换。

(1) 环形计数器。把移位寄存器的输出反馈到它的串行输入端,就可以进行循环移位,如图 2-43 所示,把输出端 Q_3 和右移串行输入端 S_R 相连接,设初始状态 $Q_0Q_1Q_2Q_3=1000$,则在时钟脉冲作用下 $Q_0Q_1Q_2Q_3$ 将依次变为 0100→0010→0001→1000→……,见表 2-39,可见它是一个具有四个有效状态的计数器,这种类型的计数器通常称为环形计数器。图 2-43 所示电路可以由各个输出端输出在时间上有先后顺序的脉冲。因此也可作为顺序脉冲发生器。

如果将输出端与左移串行输入端相连接,即可进行左移循环移位。

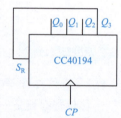

图 2-43 环形计数器

表 2-39 环形计数器的四个有效状态

CP	Q_0	Q_1	Q_2	Q_3
0	1	0	0	0
1	0	1	0	0
2	0	0	1	0
3	0	0	0	1

(2) 实现数据串、并行转换。

1) 串行/并行转换器。串行/并行转换是指串行输入的数码,经转换电路之后变换成并行输出。图 2-44 所示是用两片 CC40194(74LS194)四位双向移位寄存器组成的七位串行/并行数据转换电路。

电路中 S_0 端接高电平 1,S_1 受 Q_7 控制,两片寄存器连接成串行输入右移工作模式。Q_7 是转换结束标志。当 $Q_7=1$ 时,S_1 为 0,使之成为 $S_1S_0=01$ 的串入右移工作方式;当 $Q_7=0$ 时,S_1 为 1,$S_1S_0=10$,则串行送数结束,标志着串行输入的数据已转换成并行输出了。

串行/并行转换的具体过程如下:转换前,$\overline{C_R}$ 端加低电平,使 1、2 两片寄存器的内容清 0,此时 $S_1S_0=11$,寄存器执行并行输入工作方式。当第一个 CP 脉冲到来后,寄存器的输出状态

$Q_0 \sim Q_7$ 为 01 111111，与此同时 $S_1 S_0$ 变为 01，转换电路变为执行串入右移工作方式，串行输入数据由 1 片的 S_R 端加入，随着 CP 脉冲的依次加入，输出状态的变化见表 2-40。

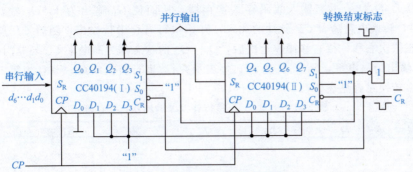

图 2-44　七位串行/并行转换器

表 2-40　七位串行/并行转换器输出状态变化表

CP	Q_0	Q_1	Q_2	Q_3	Q_4	Q_5	Q_6	Q_7	说明
0	0	0	0	0	0	0	0	0	清零
1	0	1	1	1	1	1	1	1	送数
2	d_0	0	1	1	1	1	1	1	右
3	d_1	d_0	0	1	1	1	1	1	移
4	d_2	d_1	d_0	0	1	1	1	1	操
5	d_3	d_2	d_1	d_0	0	1	1	1	作
6	d_4	d_3	d_2	d_1	d_0	0	1	1	七
7	d_5	d_4	d_3	d_2	d_1	d_0	0	1	次
8	d_6	d_5	d_4	d_3	d_2	d_1	d_0	0	
9	0	1	1	1	1	1	1	1	送数

由表 2-40 可见，右移操作七次之后，Q_7 变为 0，$S_1 S_0$ 又变为 11，说明串行输入结束。这时，串行输入的数码已经转换成了并行输出了。

当再来一个 CP 脉冲时，电路又重新执行一次并行输入，为第二组串行数码转换做好了准备。

2）并行/串行转换器。并行/串行转换器是指并行输入的数码经转换电路之后，换成串行输出。

图 2-45 所示是用两片 CC40194（74LS194）组成的七位并行/串行转换电路，它比图 2-44 多了两只与非门 G_1 和 G_2，电路工作方式同样为右移。

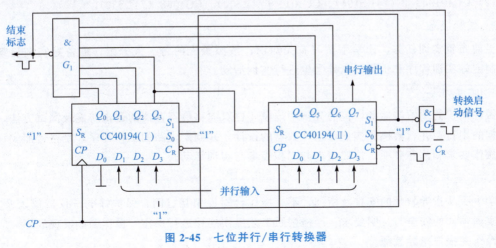

图 2-45　七位并行/串行转换器

寄存器清零后，加一个转换启动信号（负脉冲或低电平）。此时，由于方式控制 S_1S_0 为 11，转换电路执行并行输入操作。当第一个 CP 脉冲到来后，$Q_0Q_1Q_2Q_3Q_4Q_5Q_6Q_7$ 的状态为 $D_0D_1D_2D_3D_4D_5D_6D_7$，并行输入数码存入寄存器，从而使 G_1 输出为 1，G_2 输出为 0，结果 S_1S_0 变为 01，转换电路随着 CP 脉冲的加入，开始执行右移串行输出，随着 CP 脉冲的依次加入，输出状态依次右移，待右移操作七次后，$Q_0 \sim Q_6$ 的状态都为高电平 1，与非门 G_1 输出为低电平，G_2 门输出为高电平，S_1S_0 又变为 11，表示并行/串行转换结束。而且为第二次并行输入创造了条件。转换过程见表 2-41。

表 2-41　七位并行/串行转换器输出状态变化表

CP	Q_0	Q_1	Q_2	Q_3	Q_4	Q_5	Q_6	Q_7	串行输出						
0	0	0	0	0	0	0	0	0							
1	0	d_1	d_2	d_3	d_4	d_5	d_6	d_7							
2	1	0	d_1	d_2	d_3	d_4	d_5	d_6	d_7						
3	1	1	0	d_1	d_2	d_3	d_4	d_5	d_6	d_7					
4	1	1	1	0	d_1	d_2	d_3	d_4	d_5	d_6	d_7				
5	1	1	1	1	0	d_1	d_2	d_3	d_4	d_5	d_6	d_7			
6	1	1	1	1	1	0	d_1	d_2	d_3	d_4	d_5	d_6	d_7		
7	1	1	1	1	1	1	0	d_1	d_2	d_3	d_4	d_5	d_6	d_7	
8	1	1	1	1	1	1	1	0	d_1	d_2	d_3	d_4	d_5	d_6	d_7
9	0	d_1	d_2	d_3	d_4	d_5	d_6	d_7							

中规模集成移位寄存器，其位数往往以 4 位居多，当需要的位数多于 4 位时，可把几片移位寄存器用级联的方法来扩展位数。

任务准备与要求

1. 仪器仪表及工具准备

（1）+5 V 直流电源、单次脉冲源、逻辑电平开关、逻辑电平显示器等；

（2）CC40194×2（74LS194）、CC4011（74LS00）、CC4068（74LS30）。

2. 教师准备

提前布置实训任务，让学生预习有关知识；按照预先的每 3 人分组，准备好实训材料和工具，制定好实训程序和步骤，指导学生进行实训活动。

3. 学生准备

做好知识的预习与储备，提前分析中规模 4 位双向移位寄存器的逻辑功能及测试方法，能进行数据的串行、并行转换和构成环形计数器的设计，并制定电路的工作程序，严格遵照实训指导书的操作要求和注意事项，按照组内分工积极参与实训活动。

4. 安全与文明要求

学生听从指导教师的安排及指挥，不在操作台附近相互打闹；保护好电子仪器仪表及工具；遵守实训须知的安全与文明要求；严格按照工艺操作规程进行操作，操作中如发现故障，应立即停止操作并报告指导教师。

任务实施

1. 测试 CC40194（或 74LS194）的逻辑功能

按图 2-46 所示电路接线，$\overline{C_R}$、S_1、S_0、S_L、S_R、D_0、D_1、D_2、D_3 分别接至逻辑开关的输出插口。Q_0、Q_1、Q_2、Q_3 接至逻辑电平显示输入插口。CP 端接单次脉冲源，按表 2-42 所规定的输入状态，逐项进行测试。

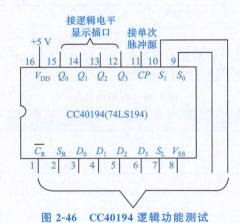

图 2-46 CC40194 逻辑功能测试

(1) 清除：令 $\overline{C_R}=0$，其他输入均为任意态，这时寄存器输出 Q_0、Q_1、Q_2、Q_3 应均为 0。清除后，置 $\overline{C_R}=1$。

(2) 送数：令 $\overline{C_R}=S_1=S_0=1$，送入任意 4 位二进制数，如 $D_0D_1D_2D_3=abcd$，加 CP 脉冲，观察 $CP=0$、CP 由 $0 \rightarrow 1$、CP 由 $1 \rightarrow 0$ 三种情况下寄存器输出状态的变化，观察寄存器输出状态变化是否发生在 CP 脉冲的上升沿。

(3) 右移：清零后，令 $\overline{C_R}=1$，$S_1=1$，$S_0=0$，由右移输入端 S_L 输入二进制数码如 0100，由 CP 端连续加 4 个脉冲，观察输出情况并记录。

(4) 左移：先清零或预置，再令 $\overline{C_R}=1$，$S_1=0$，$S_0=1$，由左移输入端 S_L 输入二进制数码如 1111，连续加 4 个脉冲，观察输出端情况并记录。

(5) 保持：寄存器预置任意 4 位二进制数码 $abcd$，令 $\overline{C_R}=1$，$S_1=0$，加 $S_0=1$ 脉冲，观察寄存器输出状态并记录。

表 2-42 CC40194（或 74LS194）的逻辑功能

消除	模式		时钟	串行		输入				输出				功能总结
$\overline{C_R}$	S_1	S_0	CP	S_L	S_R	D_0	D_1	D_2	D_3	Q_0	Q_1	Q_2	Q_3	
0	×	×	×	×	×	×	×	×	×					
1	1	1	↑	×	×	a	b	c	d					
1	0	1	↑	×	0	×	×	×	×					
1	0	1	↑	×	1	×	×	×	×					
1	0	1	↑	×	0	×	×	×	×					
1	0	1	↑	×	0	×	×	×	×					
1	1	0	↑	1	×	×	×	×	×					
1	1	0	↑	1	×	×	×	×	×					

续表

消除	模式		时钟	串行		输入				输出				功能总结
$\overline{C_R}$	S_1	S_0	CP	S_L	S_R	D_0	D_1	D_2	D_3	Q_0	Q_1	Q_2	Q_3	
1	1	0	↑	1	×	×	×	×	×					
1	1	0	↑	1	×	×	×	×	×					
1	0	0	↑	×	×	×	×	×	×					

2. 环形计数器

自拟实验线路，用并行送数法预置寄存器为某二进制数码（如 0100），然后进行右移循环，观察寄存器输出端状态的变化，记入表 2-43。

表 2-43　环形计数器

CP	Q_0	Q_1	Q_2	Q_3
0				
1				
2				
3				
4				

3. 实现数据的串行、并行转换

（1）串行输入、并行输出。按图 2-43 所示电路接线，进行右移串入、并出实验，串入数码自定，改接线路用左移方式实现并行输出。在本任务后面空白处自拟表格并记录。

（2）并行输入、串行输出。按图 2-44 所示电路接线，进行右移并入、串出实验，并入数码自定，再改接线路用左移方式实现串行输出。自拟表格并记录。

点拨

1. 操作前先用万用表欧姆挡检查导线，再开始接线。
2. 不可在接通电源的情况下插入或拔出芯片。
3. 移位寄存器 74LS194 的清除端，除了清零时置 0 外，其他工作状态均应置"1"。
4. 环形计数器在工作之前，应先置入一个初始状态，即被循环的四位二进制数。

任务评价

测评内容	配分	评分标准	操作时间/min	扣分	得分
测试 CC40194 的逻辑功能	30	1. 芯片引脚接错，扣 5 分； 2. 测试数据错误 1～5 处，每处扣 6 分； 3. 芯片损坏，扣 10 分	20		
环形计数器设计	20	1. 电路设计不合理，扣 20 分； 2. 电路连接错误，扣 10 分； 3. 测试数据错误 1～5 处，每处扣 4 分	20		

续表

测评内容	配分	评分标准	操作时间/min	扣分	得分
数据的串、并行转换设计	30	1. 电路设计不合理，扣30分； 2. 电路连接错误，扣20分； 3. 测试数据错误1~5处，每处扣6分； 4. 自拟表格不合理，扣10分	40		
安全文明操作	10	违反安全生产规程，视现场具体违规情况扣分			
定额时间 （80 min）	10	开始时间 （　　） 结束时间 （　　）	每超时2 min扣5分		
合计总分	100				

任务反思

1. 使寄存器清零，除采用 $\overline{C_R}$ 输入低电平外，可否采用右移或左移的方法？可否使用并行送数法？若可行，如何进行操作？
2. 若进行循环左移，图2-44所示接线应如何改接？
3. 画出用两片CC40194构成的七位左移串行/并行转换器线路。
4. 画出用两片CC40194构成的七位左移并行/串行转换器线路。

子任务3　计数器

任务目的

1. 学习用集成触发器构成计数器的方法；
2. 熟悉中规模集成十进制计数器的逻辑功能及使用方法；
3. 学习计数器的功能扩展；
4. 了解集成译码器及显示器的应用。

任务说明

计数器是一种重要的时序逻辑电路，它不仅可以计数，而且可以用作定时控制及进行数字运算等。按计数功能计数器可分为加法计数器、减法计数器和可逆计数器，根据计数体制可分为二进制计数器和任意进制计数器，而任意进制计数器中常用的是十进制计数器。根据计数脉冲引入的方式不同又有同步和异步计数器之分。

1. 用 D 触发器构成异步二进制加法计数器和减法计数器

图2-47所示是用四只 D 触发器构成的四位二进制异步加法计数器，它的连接特点是将每只 D 触发器连接成 T' 触发器形式，再由低位触发器的 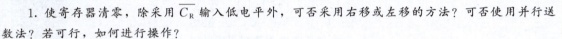 $\overline{Q}$ 端和高一位的 CP 端相连接，即构成异步计数方式。若把图2-47稍加改动，即将低位触发器的 Q 端和高一位的 CP 端相连接，即构成减法计数器。

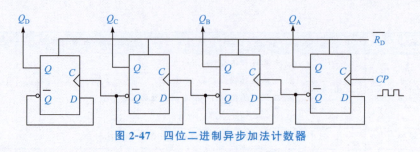

图 2-47　四位二进制异步加法计数器

本实验采用的 D 触发器型号为 74LS74A，引脚排列如图 2-48 所示。

图 2-48　74LS74A 触发器引脚排列

十进制加法计数器时序图

2. 中规模十进制计数器

中规模集成计数器品种多，功能完善，通常具有预置、保持、计数等多种功能。74LS192 同步十进制可逆计数器具有双时钟输入，可以执行十进制加法和减法计数，并具有清除、置数等功能。引脚排列如图 2-49 所示。其中，$\overline{LD}$ 为置数端；CP_U 为加计数端；CP_D 为减计数端；$\overline{CO}$ 为非同步进位输出端；$\overline{BO}$ 为非同步借位输出端；Q_A、Q_B、Q_C、Q_D 为计数器输出端；D_A、D_B、D_C、D_D 为数据输入端；R_D 为清除端。

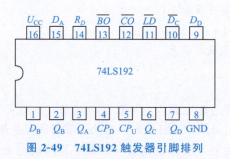

图 2-49　74LS192 触发器引脚排列

表 2-44 所示为 74LS192 功能表，说明如下。

（1）当清除端为高电平"1"时，计数器直接清零（称为异步清零），执行其他功能时，R_D 置低电平。

（2）当 R_D 为低电平、置数端 $\overline{LD}$ 为低电平时，数据直接从置数端 D_A、D_B、D_C、D_D 置入计数器。

（3）当 R_D 为低电平、$\overline{LD}$ 为高电平时，执行计数功能。执行加计数时，减计数端 CP_D 接高电平，计数脉冲由加计数端 CP_U 输入，在计数脉冲上升沿进行 8421 编码的十进制加法计数。执行减计数时，加计数端 CP_U 接高电平，计数脉冲由减计数端 CP_D 输入，在计数脉冲上升沿进行

8421编码十进制减法计数。

表 2-44　74LS192 功能表

输入								输出			
R_D	$\overline{LD}$	CP_U	CP_D	D_D	D_C	D_B	D_A	Q_D	Q_C	Q_B	Q_A
1	×	×	×	×	×	×	×	0	0	0	0
0	0	×	×	d	c	b	a	d	c	b	a
0	1	↑	1	×	×	×	×	加计数			
0	1	1	↓	×	×	×	×	减计数			

3. 计数器的级联使用

一只十进制计数器只能表示 0～9 十个数，在实际应用中要计的数往往很大，一位数是不够的，解决这个问题的办法是把几个十进制计数器级联使用，以扩大计数范围。图 2-50 所示为由两只 74LS192 构成的加计数级联电路，连接特点是低位计数器的 CP_U 端接计数脉冲，进位输出端 $\overline{CO}$ 接到高一位计数器的 CP_U 端。在加计数过程中，当低位计数器输出端由 1001 变为 0000 时，进位输出端 $\overline{CO}$ 输出一个上升沿，送到高一位的 CP_U 端，使高一位计数器加 1，也就是说低位计数器每计满个位的十个数，则高位计数器计一个数，即十位数。同理，在减计数过程中，当低位计数器的输出端由 0000 变到 1001 时，借位输出端 $\overline{BO}$ 输出一个上升沿，送到高一位的 CP_D 端使高一位减 1。

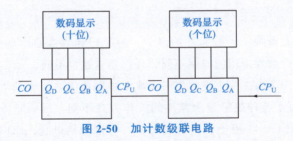

图 2-50　加计数级联电路

4. 实现任意进制计数

利用中规模集成计数器中各控制及置数端，通过不同的外电路连接，使该计数器成为任意进制计数器，达到功能扩展的目的。图 2-51 所示为利用 74LS192 的置数端 $\overline{LD}$ 的置数功能构成五进制加法计数器的电路，状态转换表见表 2-45。它的工作过程：预先在置数输入端输入所需要的数，本例为 $D_A D_B D_C D_D = 0000$。该计数器从 0000 状态开始按 8421 编码计数，当输出状态达到 0100 后再来一个计数脉冲，计数器输出端先出现 $D_D D_C D_B D_A = 0101$，此时与非门输出立刻变为低电平，于是四位并行数据 $D_A D_B D_C D_D = 0000$ 被置入计数器，即 $D_D D_C D_B D_A = 0000$，实现了五进制计数，紧接着 $\overline{LD}$ 恢复高电平，为第二次循环做好准备。这种方法的缺点是置数时间太短及利用了一个无效态，可能会造成译码显示部分产生误动作，此时，应采取措施消除。

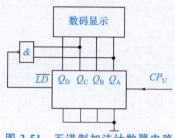

图 2-51 五进制加法计数器电路

表 2-45 五进制加法计数器状态转换表

计数脉冲	输出			
CP	Q_D	Q_C	Q_B	Q_A
0	0	0	0	0
1	0	0	0	1
2	0	0	1	0
3	0	0	1	1
4	0	1	0	0
5	0	1	0	1
0	0	0	0	0

5．译码及显示

计数器输出端的状态反映了计数脉冲的多少，为了把计数器的输出显示为相应的数，需要接上译码器和显示器。计数器采用的码制不同，译码器电路也不同。

二—十进制译码器用于将二—十进制代码译成十进制数字，去驱动十进制的数字显示器件，显示 0～9 十个数字，由于各种数字显示器件的工作方式不同，因而对译码器的要求也不一样。中规模集成七段译码器 CC4511 用于共阴极显示器，可以与磷砷化 LED 数码管 BS201 或 BS202 配套使用。CC4511 可以把 8421 编码的十进制数译成七段输出 a、b、c、d、e、f、g，用以驱动共阴极 LED。在实验台上已完成了译码器 CC4511 和显示器 BS202 之间的连接，实验时只要将十进制计数器的输出端 Q_A、Q_B、Q_C、Q_D 直接连接到译码器的相应输入端 A、B、C、D 即可显示 0～9 个数字。

任务准备与要求

1．仪器仪表及工具准备

（1）EEL-08 组件、示波器等；

（2）双 D 触发器 74LS74×2、同步十进制可逆计数器 74LS192×2、二输入四与门 74LS00×1。

2．教师准备

提前布置实训任务，让学生预习有关知识；按照预先的每 3 人分组，准备好实训材料和工具,制定好实训程序和步骤,指导学生进行实训活动。

3. 学生准备

做好知识的预习与储备,提前分析中规模集成十进制计数器的逻辑功能及测试方法,能进行计数器的功能扩展,并制定电路的工作程序,严格遵照实训指导书的操作要求和注意事项,按照组内分工积极参与实训活动。

4. 安全与文明要求

学生听从指导教师的安排及指挥,不在操作台附近相互打闹;保护好电子仪器仪表及工具;遵守实训须知的安全与文明要求;严格按照工艺操作规程进行操作,操作中如发现故障,应立即停止操作并报告指导教师。

任务实施

1. 用 74LS74 D 触发器构成四位二进制异步加法计数器

(1) 取两片 74LS74 芯片,先把 D 触发器接成 T′触发器,验证逻辑功能,待各触发器工作正常后,再把它们按图 2-47 所示电路连接。$\overline{R_D}$ 端接逻辑开关,最低位的 CP 端接单次脉冲源,输出端 $Q_D \sim Q_A$ 接电平指示器。为防止干扰各触发器 $\overline{S_D}$ 端,应接某固定高电平(可接 +5 V 电源处)。

(2) 清零后,由最低位触发器的 CP 端逐个送入单次脉冲,观察并列表记录 $Q_D \sim Q_A$ 状态于表 2-46。

(3) 将单次脉冲改为频率为 1 kHz 的连续脉冲,用双踪示波器观察 CP、Q_D、Q_C、Q_B、Q_A 波形,绘制波形。

(4) 将图 2-47 所示电路中的低位触发器的 Q 端和高一位的 CP 端相连接,构成减法计数器,按实验内容(2)、(3)要求进行实验,观察并列表记录 $Q_D \sim Q_A$ 状态。

表 2-46 四位二进制异步计数器

计数器	脉冲	Q_D	Q_C	Q_B	Q_A
加法计数器	单次脉冲				
	1 kHz 脉冲				
减法计数器	单次脉冲				
	1 kHz 脉冲				

2. 测试 74LS192 十进制可逆计数器的逻辑功能

计数脉冲由单次脉冲源提供,清零端 R_D、置数端 $\overline{LD}$、数据输入端 D_A、D_B、D_C、D_D 分别接逻辑开关,输出端 Q_A、Q_B、Q_C、Q_D 分别接实验台上译码器相应输入端 A、B、C、D 及 0—1 指示器,$\overline{CO}$、$\overline{BO}$ 接 0—1 指示器。

按表 2-44 逐项测试 74LS192 逻辑功能,判断此集成模块功能是否正常。

其中,$\overline{LD}$ 为置数端;CP_U 为加计数端;CP_D 为减计数端;$\overline{CO}$ 为非同步进位输出端;$\overline{BO}$ 为非同步借位输出端;Q_A、Q_B、Q_C、Q_D 为计数器输出端;D_A、D_B、D_C、D_D 为数据输入端;

R_D 为清除端。

(1) 清除。令 $R_D=1$，其他输入为任意状态，这时 $D_D D_C D_B D_A=0000$，译码显示为 0 字。清除功能完成后，置 $R_D=0$。

(2) 置数。令 $R_D=0$，CP_U、CP_D 任意，数据输入端输入任意一组二进制数 $D_D D_C D_B D_A=dcba$，令 $\overline{LD}=0$，观察计数器输出 $dcba$ 是否已被置入。预置功能完成后，置 $\overline{LD}=1$。

(3) 加计数。$R_D=0$，$\overline{LD}=CP_D=1$，CP_U 接单次脉冲源。

清零后由 CP_U 逐个送入 10 个单次脉冲，观察 $Q_D \sim Q_A$ 及 $\overline{CO}$ 状态变化及数码显示情况，观察输出状态变化是否发生在 CP_U 的上升沿。并用示波器观察 CP_U、Q_D、Q_C、Q_B、Q_A 波形。

(4) 减计数。$R_D=0$，$\overline{LD}=CP_U=1$，CP_D 接单次脉冲源。参照（3）进行实验。

3. 用两片 74LS192 组成两位十进制加法计数器

接图 2-49 所示电路接线。输入计数脉冲，进行 00～99 累加计数。

4. 将两位十进制加法计数器改接成两位十进制减法计数器

实现 99～00 递减计数。

点拨

在集成计数器的应用中，采用复位法组成任意进制计数器时，应该特别注意集成计数器的复位功能。使用具有异步复位功能的集成计数器组成 N 进制计数器时，存在一个过渡状态，在选择状态时，应选择 N+1 个状态，并且最后一个状态为过渡状态。使用具有同步复位功能的集成计数器组成 N 进制计数器时，不存在过渡状态，在选择状态时应选择 N 个状态，并且没有过渡干扰。

任务评价

测评内容	配分	评分标准	操作时间/min	扣分	得分
用 74LS74 构成四位二进制异步加法计数器	20	1. 电路设计不合理，扣 20 分； 2. 电路连接错误，扣 10 分； 3. 测试数据错误 1～5 处，每处扣 4 分	20		
测试 74LS192 的逻辑功能	20	1. 芯片引脚接错，扣 5 分； 2. 测试数据错误 1～5 处，每处扣 4 分； 3. 芯片损坏，扣 10 分	20		
用 74LS192 组成两位十进制加法计数器	20	1. 电路设计不合理，扣 20 分； 2. 电路连接错误，扣 10 分； 3. 测试数据错误 1～5 处，每处扣 4 分	20		
用 74LS192 组成两位十进制减法计数器	20	1. 电路设计不合理，扣 20 分； 2. 电路连接错误，扣 10 分； 3. 测试数据错误 1～5 处，每处扣 4 分	20		
安全文明操作	10	违反安全生产规程，视现场具体违规情况扣分			

续表

测评内容	配分		评分标准	操作时间/min	扣分	得分
定额时间 (80 min)	10	开始时间 ( ) 结束时间 ( )	每超时 2 min 扣 5 分			
合计总分	100					

任务反思

1. 画出用两片 74LS192 构成两位十进制减法计数器的电路图。
2. 画出用 74LS192 及 74LS00 构成六进制加法计数器的电路图。

项目 3　工业现场配电的设计与测试

项目导入

在现代电力系统中,电能的生产、输送和分配绝大多数采用三相正弦交流电。某公司在建厂过程中,根据实际工作需要配备三相及单相交流电路,三相正弦交流电包括三相电源星形和三角形连接,并且安装有用功率表、无用功率表、视在功率表,用以提高功率因数、节约用电,培养学生节约用电意识。

项目目标

知识目标	能力目标	素质目标
1. 了解电路图; 2. 熟悉单相交流电路、三相交流电路装配及电路安装工艺规范; 3. 学习安全用电规范,并进行电路检查、仪器仪表的使用	1. 能够使用仪器仪表检查调试电路; 2. 能够根据电路图装配供电线路; 3. 能够在工作中发生触电事故时切断电源进行急救; 4. 能够设计、制作小型电源变压器,并能测试其性能	1. 在项目的制作中,树立学生成本意识、质量意识的职业素养; 2. 通过项目的制作与调试,培养学生的安全生产意识

项目实施

任务 1　常用导线的选用及连接

任务目的

1. 熟悉导线的选用方法;
2. 学会低压线路中导线的连接和接头绝缘处理的技能和方法;
3. 学会导线接头恢复绝缘层的技能及方法。

任务说明

1. 导线的种类及用途

导线在电路中的作用是连接电源和负载,要求导线材料的导电性能良好。常用导体金属材料有银、铜、铝、铁,其导电性能依次下降。从综合性能指标考虑,常用的导线有铜导线和铝导线。铝导线的耐腐蚀能力、导电性能比铜导线要差,但它的重量较轻,价格低,可用于架空线路、照明线路等。铜导线的导电性能、焊接特性、机械强度、耐腐蚀能力和使用寿命比铝导线好,所以较重要的线路或可靠性要求比较高的电气设备,如各种电机、变压器的绕组都采用铜导线。目前,在各种用电场所,优先选用铜导线。

导线又分为单股导线和多股导线两种。一般截面面积在 6 mm² 以下的为单股导线,截面面积在 10 mm² 以上的为多股导线。导线可分为绝缘导线和裸导线两大类。其中,低压配电、一般性的生产用电应采用绝缘导线且要求导线绝缘电阻≥0.5 MΩ。导线常见型号及用途见表 3-1。

表 3-1 导线常见型号与用途

名称	型号	规格	标称截面面积/mm²	用途
单芯硬线	BV	1×1/1.13	1	暗线布线
塑料护套线	BVVB	3×1/1.78	2.5	明线布线
灯头线	RVS	2×16/0.15	0.3	不移动电器的连接
三芯软护套线	RVV	3×24/0.2	0.75	移动电器的连接

2. 导线的选用

导线的选择主要是对导线截面面积的选择,导线的截面面积以 mm² 为单位。在选择导线截面面积时要考虑以下几个方面的问题。

(1) 发热问题。导线存在电阻,且导线的阻抗与其长度成正比,与其线径成反比。使用导线时,电流将引起导线发热,使其温度升高,当通过的电流超过其允许电流时,将使导线的绝缘层老化、损坏,严重时将烧毁导线,因此,要注意导线的线材与线径问题,以防止电流过大使导线过热而造成事故。

通常把导线允许通过的最大电流称为安全载流量。导线的截面面积越大,允许通过的安全电流就越大。在同样的使用条件下,铜导线的截面面积可以比铝导线小一号。选择导线截面面积时的主要依据是导线的安全载流量,一般根据式(3-1)来选择导线的截面面积:

$$I_Y \geqslant I_j \tag{3-1}$$

式中 I_Y——导线的安全载流量,单位安培(A);

I_j——用电回路的工作电流,单位安培(A)。

(2) 电压损失问题。使用绝缘导线时,根据不同的用途进行选择,要求导线额定电压大于线路工作电压。导线在使用时,由于线路上有电阻,将产生电压降。当电压损失超过一定的范围后,将会使用电设备端子上的电压不足,严重地影响用电设备的正常运行。所以欲使电气设备正常运行,必须根据线路的允许电压损失选择导线的截面面积,或根据已知的截面面积来校验线路的电压损失是否超过允许范围。

(3) 机械强度问题。导线安装后,由于本身的自重和不同的连接方式,导线受到不同的张力,如果导线不能承受张力,会造成断线事故。因此,必须有足够的机械强度以保证线路安全运行。现场常用的是绝缘铜导线或绝缘铝导线,为满足机械强度要求,要求绝缘铜导线截面面积不小于 10 mm²,绝缘铝导线截面面积不小于 16 mm²。在跨越铁路、公路、河流、电力线路挡距内,绝缘铜导线截面面积不小于 16 mm²,绝缘铝导线截面面积不小于 25 mm²。

3. 铜导线的连接

(1) 单股铜导线的直线连接。单股铜导线的连接可以使用绞接法和缠绕法。

绞接法的步骤如下所述。

1) 将去除绝缘层的两导线线头呈 X 状交叉,如图 3-1 (a)、(b) 所示。

2) 将两根线头向拧麻花一样绞合 2~3 圈,然后扳直两根导线,如图 3-1 (c) 所示。

3) 将每一根扳直的线头在另一线芯上按顺时针方向紧密缠绕 6~8 圈,将多余的线头剪掉,并修理好切口的毛刺即可，如图3-1（d）所示。

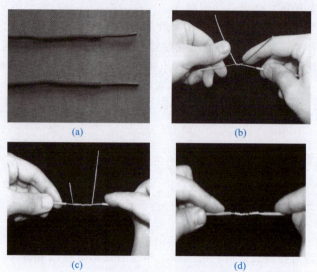

图3-1 单股铜导线的直线连接

（2）单股铜导线的T形连接。绞接法的步骤如下所述。

1）将去除绝缘层的支路线头与干线芯线十字相交，如图3-2（a）所示。

2）将支路芯线根部留出3～5 mm裸线，环绕成结状，再把支路线芯抽紧扳直，然后按顺时针方向在干线上紧密缠绕6～8圈，如图3-2（b）所示，将多余线头剪掉，并修理好切口毛刺即可，如图3-2（c）所示。

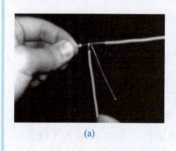
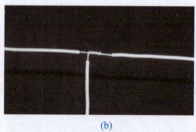
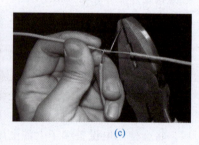

图3-2 单股铜导线的T形连接

3）电线接头是电路中最薄弱的部分，接触不良往往是过热断线的原因，首先要保证电器接触的良好，其次要保证接线的强度。因此要正确缠绕导线，导线缠绕紧密，切口平整，芯线不得损伤。

对于小截面导线的T形连接也可采用缠绕法，步骤如下所述。

1）将去除绝缘层的支路线头与干线芯线十字相交。

2）将支路芯线根部留出3～5 mm裸线，然后将支路芯线在干线上缠绕成结状，再把支路芯线拉紧扳直，紧密缠绕在干路芯线上，保证缠绕长度为线芯直径的8～10倍，将多余线头剪掉，修理好切口毛刺即可。

（3）单股大截面导线的直线连接。对于用绞接法连接较困难的大截面导线，可用缠绕法进行连接。

单股大截面导线的直线连接步骤如下所述。

1）将去除绝缘层的线头相对交叠。

2）将直径为 1.6 mm 的裸铜线作为缠绕线由中间部位开始进行缠绕，如图 3-3（a）所示。对于直径小于 5 mm 的导线，其缠绕长度应为 60 mm；对于直径大于 5 mm 的导线，其缠绕长度应为 90 mm。

3）缠绕 60 mm 之后，将多余线头剪掉，并让缠绕线在对方的导线上继续缠绕 5 圈，最后剪掉多余的线头，修理好切口毛刺即可，如图 3-3（b）所示。

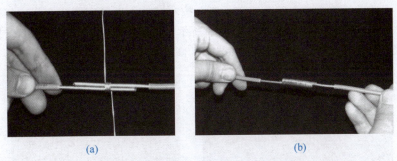

图 3-3 单股大截面铜导线的直线连接

注：单股大截面导线的 T 形连接方法与单股大截面导线的直线连接相同。

（4）7 股铜导线的直线连接。7 股铜导线的直线连接步骤如下所述。

1）将去除绝缘层的两根芯线线头拉直，如图 3-4（a）所示。把芯线分成 3 份，将距根部 1/3 处的导线绞紧，余下 2/3 长度的线头分散成伞形，并将每股芯线拉直。

2）将两股伞形线头相对交叉相接，如图 3-4（b）所示。然后捏平两端线头，如图 3-4（c）所示。

3）将一端 7 股芯线按 2∶2∶3 分成三组，然后将第一组的两根芯线扳到垂直于导线的方向，按顺时针方向紧密缠绕两圈，再扳成直角平行于导线，如图 3-4（d）所示。

4）按上一步骤缠绕第二组、第三组芯线，后一组芯线扳起时应紧贴在前一组芯线已弯成直角的根部缠绕。第三组要缠绕三圈，缠绕第三圈时，要把前两组多余的线头剪掉，并被第三圈遮住。剪去多余线头，修理好毛刺，如图 3-4（e）所示。

5）另一端的缠绕方法与上述方法相同。

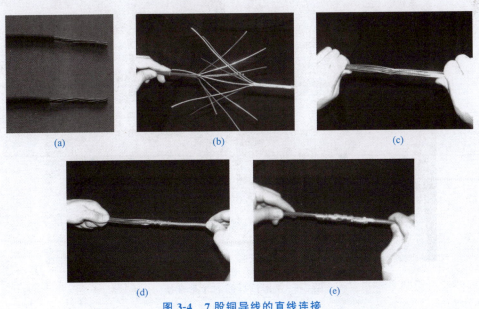

图 3-4 7 股铜导线的直线连接

(5) 7 股铜导线的 T 形连接。7 股铜导线的 T 形连接步骤如下所述。

1) 将去除绝缘层的支路芯线的线头拉直,把距离根部 1/8 处绞紧,并将剩余 7/8 的线头拉直后分为两组,分别为 3 根和 4 根,如图 3-5(a)所示。

2) 在干路芯线的中间位置,用一字形螺钉旋具将干路分成两组,然后将支路中 4 股的一组芯线插入干路芯线的中缝,另一组置于干路芯线的前面,如图 3-5(b)~(d)所示。

3) 将置于干路芯线前面的支路芯线在干路上按顺时针方向紧密缠绕 3 圈,如图 3-5(e)所示,剪掉多余线头,修理好毛刺,如图 3-5(f)所示,然后将 4 股的一组支路芯线按逆时针方向缠绕 4 圈,如图 3-5(g)所示,剪去多余的线头,修理好毛刺即可,如图 3-5(h)所示。

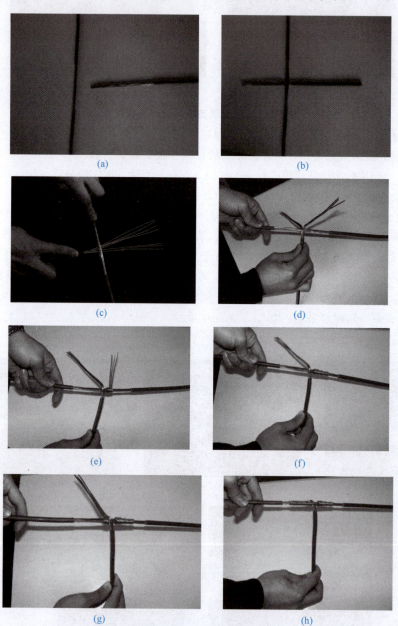

图 3-5 7 股铜导线的 T 形连接

4. 导线绝缘层的恢复

导线的绝缘层破损和导线连接后都要恢复绝缘层。为保证安全用电，恢复后的绝缘层强度不应低于原有绝缘能力。常用的恢复材料有黄蜡带、涤纶薄膜带和黑胶带三种。220 V 和 380 V 的线路恢复绝缘层常采用绝缘胶布半叠压包缠法，黄蜡带和黑胶带选用 20 mm 宽比较适合。

包缠的操作步骤如下所述。

（1）包缠时，将黄蜡带从离切口 30～40 mm 处完好的绝缘层上开始包缠，要用力拉紧，黄蜡带与导线之间应保持 45°的倾斜角，如图 3-6（a）、(b) 所示。

（2）进行下一圈包缠时，后一圈必须压叠在前一圈 1/2 的宽度上。

（3）黄蜡带包缠完后，将黑胶带接在黄蜡带的尾端进行包缠，收尾后应将双手的拇指和食指捏紧黑胶带的端口进行旋拧，将两端口充分密封，如图 3-6（c）所示。

（4）恢复 380 V 线路的绝缘层时，必须先缠绕 1～2 层黄蜡带，然后缠绕一层黑胶带。恢复 220 V 线路的绝缘层时，先缠绕一层黄蜡带，再包一层黑胶带，或只包两层黑胶带。

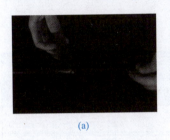
(a)

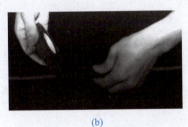
(b)

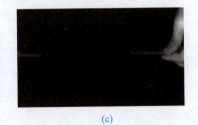
(c)

图 3-6　导线绝缘层的恢复

5. 用兆欧表检测导线的绝缘性

导线绝缘层恢复后，一定要用兆欧表检测导线的绝缘性。

任务准备与要求

1. 仪器仪表及工具准备

（1）工具：钢丝钳、剥线钳、电工刀等。

（2）材料：$1.0\ mm^2$ 和 $1.5\ mm^2$ 单股铜导线若干、花线若干、护套线若干、橡皮护套线若干、$0.75\ mm^2$ 7 股铜导线若干、漆包线若干、细砂纸若干、黑胶布若干、黄蜡带若干。

2. 教师准备

提前布置实训任务，让学生预习有关知识；按照预先的每 3 人分组，准备好实训材料和工具，制定好实训程序和步骤，指导学生进行实训活动。

3. 学生准备

做好知识的预习与储备，提前预习导线的连接与绝缘恢复，制定导线的制作工序，严格遵照实训指导书的操作要求和注意事项，按照组内分工积极参与实训活动。

4. 安全与文明要求

学生听从指导教师的安排及指挥，不在操作台附近相互打闹；保护好电子仪器仪表及工具；遵守实训须知的安全与文明要求；严格按照工艺操作规程进行操作，操作中如发现故障，应立即停止操作并报告指导教师。

任务实施

（1）剖削、去除导线绝缘层。

1）剖削、去除单（多）股铜导线绝缘层。

2）剖削护套线绝缘层。

3）花线绝缘层的剖削。

4）漆包线绝缘层的去除。

（2）导线的连接。

1）单股铜导线的直线连接。

2）单股铜导线的 T 形连接。

3）7 股铜导线的直线连接。

4）7 股铜导线的 T 字分支连接。

（3）恢复绝缘层。

（4）填写任务实施过程评价表（表 3-2）。

表 3-2 任务实施过程评价表

任务	常用导线的选用及连接			
序号	检查项目	检查标准	学生自检	教师检查
1				
2				
3				
4				
5				
6				
7				
8				
9				
10				
检查评价	班级		第 组	组长签字
	教师签字		日期	
	评语：			

点拨

1. 导线连接时，一定要用钢丝钳切去切口毛刺，以免刮手。
2. 绝缘层恢复胶带的选取宽度为 20 mm，包缠才方便。

任务评价

任务		常用导线的选用与连接			
评价类别	项目	子项目	个人评价	小组评价	教师评价
专业能力（70%）	任务准备（10%）	收集信息（5%）			
		回答问题（5%）			
	计划（5%）	计划可执行度（3%）			
		材料工具使用及安排（2%）			
	实施（30%）	接线操作规范（5%）			
		接线符合要求（10%）			
		功能实现（10%）			
		工具使用熟练（5%）			
	检查（10%）	全面性、准确性（5%）			
		故障排除（5%）			
	过程（5%）	实用工具的规范性（2%）			
		操作过程的规范性（2%）			
		工具使用管理（1%）			
	结果（10%）	结果质量（10%）			
社会能力（30%）	团结协作（15%）	小组成员合作良好（10%）			
		对小组的贡献（5%）			
	敬业精神（15%）	学习纪律性（8%）			
		爱岗敬业、吃苦耐劳（7%）			
	班级		姓名		学号
	教师签字		组长		总评
评价评语	评语：				

任务反思

1. 常用绝缘漆包括哪几种？
2. 黑胶布带的应用场合是什么？
3. 电气装备用电线电缆包括几类？
4. 试叙述单股铜导线的直线连接过程与 T 形连接过程。
5. 如何进行导线绝缘层的恢复？

任务 2　室内照明线路的设计与测试

任务目的

1. 能正确识别照明器件与材料，并且会检查好坏和正确使用；
2. 能根据控制要求和提供的器件，设计出控制原理图；
3. 学会照明电路各种线路敷设的装接与维修，掌握工艺要求。

任务说明

1. 布线说明

（1）国家规定：照明、开关、插座要用 2.5 mm² 的电线，空调要用 6 mm² 的电线，热水器要用 4 mm² 的电线。

（2）要根据用户对电的用途进行电路定位，如图 3-7 所示。

（3）电路开槽，如图 3-8 所示。

图 3-7　确定电路位置

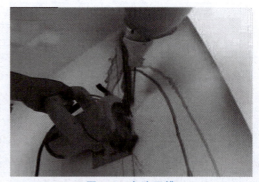

图 3-8　电路开槽

（4）布线。布线一般采用线管暗埋的方式。线管有冷弯管和 PVC 管两种，冷弯管可以弯曲而不断裂，是布线的最佳选择，因为它的转角是有弧度的，线可以随时更换，而不用开墙。

2. 布线原则

（1）强弱电的间距为 30～50 cm，因为强电会干扰电视和电话，如图 3-9（a）所示。

（2）强弱电更不能同穿一根管内，如图 3-9（b）所示。

（3）管内导线总截面面积要小于保护管截面面积的 40%。

（4）长距离的线管尽量用整管。

（5）当布线长度超过 15 m 或中间有 3 个弯曲时，在中间应该加装一个接线盒。

（6）电线线路要和暖气、煤气管道相距 40 cm 以上，如图 3-9（c）所示。

（7）空调插座安装离地面 2 m 以上，如图 3-9（d）所示。

（8）没有特别要求的前提下，插座安装应该离地 30 cm 高度，如图 3-9（e）所示。

（9）开关、插座面对面板，应该左侧零线，右侧火线，如图 3-9（f）所示。

（10）电线只能并头连接，接头处采用按压，必须结实牢固，如图 3-9（g）所示。

插座安装

(11) 接好的线,要立即用绝缘胶布包好,如图 3-9(h)所示。

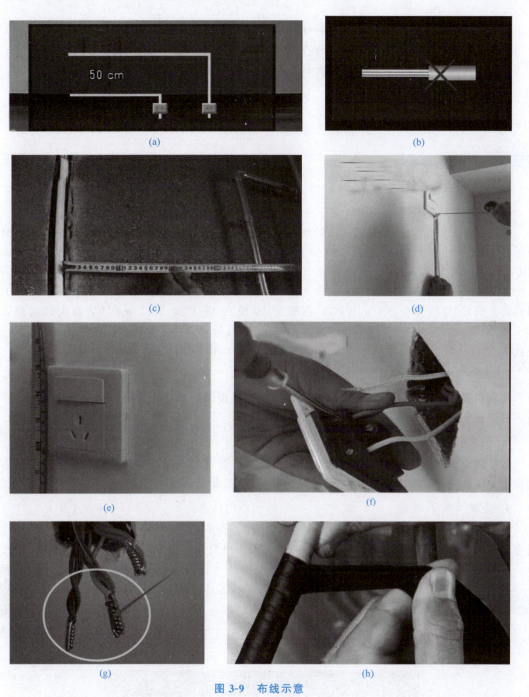

图 3-9 布线示意

(12) 在装修过程中,如果确定了火线、零线、地线的颜色,任何时候,颜色都不能用混。

(13) 家里不同区域的照明、插座、空调、热水器等电路都要分开分组布线;一旦哪部分需要断电检修,不影响其他电器的正常使用。

3. 电线接头接法

(1) 一般电线接头的接法如图 3-10 所示,才能保证电线接头不发生打火、短路、与接触不良的现象。

图 3-10　电线接头

（2）电线应该用防火胶布缠在里面，它的作用是防止电打火烧坏东西。

任务准备与要求

1. 仪器仪表及工具准备

（1）工具仪表：钢丝钳、剥线钳、电工刀、万用表等。

（2）材料：单相电子式电能表（1台）、空气开关（32 A 带漏电断路器 1 个）、空气开关（25 A 漏电断路器 3 个）、配电箱（16 路 1 个）、电源插座（10 A 5 孔插座面板 2 个）、电源插座（10 A 12 孔插座面板 1 个）、电源插座（10 A 9 孔插座面板 1 个）、电源开关（两开单控开关 1 个）、电源开关（三开单控开关 2 个）、电源开关（三开双控开关 1 个）、穿线管（4 mm² PVC 阻燃管 1 根）、穿线弯头（4 mm² PVC 阻燃管 10 根）、电源线（2.5 mm² BV 塑铜线红黑黄各 50 m）、电源线（4 mm² BV 塑铜线红黑黄各 50 m）、线号管（数字号码管 0～9 φ4 mm 四盒）、尼龙扎带（200 mm 1 袋）、螺栓螺母（φ3 mm×30 mm 80 套）、网孔板（1 块）。

2. 教师准备

提前布置实训任务，让学生预习有关知识；按照预先的每 3 人分组，准备好实训材料和工具，制定好实训程序和步骤，指导学生进行实训活动。

3. 学生准备

做好知识的预习与储备，掌握照明电路各种线路敷设的装接与维修，严格遵照实训指导书的操作要求和注意事项，按照组内分工积极参与实训活动。

4. 安全与文明要求

学生听从指导教师的安排及指挥，不在操作台附近相互打闹；保护好电子仪器仪表及工具；遵守实训须知的安全与文明要求；严格按照工艺操作规程进行操作，操作中如发现故障，应立即停止操作并报告指导教师。

任务实施

（1）按照模型（图 3-11）设计两室一厅电路。

（2）两室一厅设计电路如图 3-12 所示。

电能表安装　室内照明电路

图 3-11　两室一厅模型

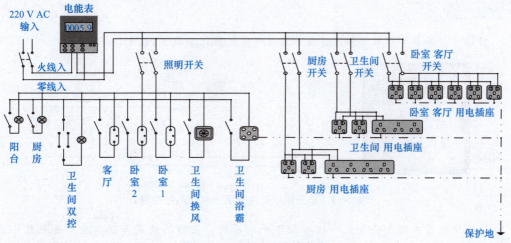

图 3-12　两室一厅设计电路

(3) 选择元器件、导线及耗材。
(4) 元器件的检测及安装。
(5) 布线调试并排故。
(6) 带负载调试。
(7) 填写任务实施过程评价表（表 3-3）。

表 3-3　任务实施过程评价表

任务	室内照明电路的设计与测试			
序号	检查项目	检查标准	学生自检	教师检查
1				
2				
3				
4				
5				
6				
7				
8				
9				
10				
检查评价	班级		第　组	组长签字
	教师签字		日期	
	评语：			

点拨

1. 请注意：安装单开双控开关背面示意及电路接线，如图 3-13 所示。

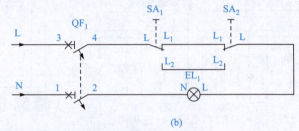

(a)　　　　　　　　　　　　(b)

图 3-13　单开双控开关背面示意及电路接线

2. 电线绝缘外皮颜色的含义一般遵循下面的原则：在四芯线或五芯线中，如果颜色是黄、绿、红、蓝加黄绿相间，黄、绿、红、蓝分别用于三相电的 L_1 相、L_2 相、L_3 相、N 相，黄绿相间线用于接地线。在其余的线中，棕色（红色）用于单相电中的火线或直流电中的正极；蓝色（灰色）用于单相电中的零线或直流电中的负极；黑色用于信号线或装置和设备内部布线，有时也用于零线或电源负极；黄绿相间色用于接地线。

任务评价

评价类别	项目	子项目	个人评价	小组评价	教师评价
		室内照明电路的设计与测试			
专业能力（70%）	任务准备（10%）	收集信息（5%）			
		回答问题（5%）			
	计划（5%）	计划可执行度（3%）			
		材料工具使用及安排（2%）			
	实施（30%）	接线操作规范（5%）			
		接线符合要求（10%）			
		功能实现（10%）			
		工具使用熟练（5%）			
	检查（10%）	全面性、准确性（5%）			
		故障排除（5%）			
	过程（5%）	实用工具的规范性（2%）			
		操作过程的规范性（2%）			
		工具使用管理（1%）			
	结果（10%）	结果质量（10%）			
社会能力（30%）	团结协作（15%）	小组成员合作良好（10%）			
		对小组的贡献（5%）			
	敬业精神（15%）	学习纪律性（8%）			
		爱岗敬业、吃苦耐劳（7%）			

续表

评价评语	班级		姓名		学号	
	教师签字		组长		总评	
	评语：					

任务反思

1. 请你设计一室一厅电路图。
2. 结合一室一厅电路图，进行该电路的安装及调试。

任务 3　小型变压器的设计与测试

任务目的

1. 能正确理解变压器的铭牌数据，会使用变压器；
2. 能设计、制作小型电源变压器，并能测试其性能。

任务说明

1. 变压器的分类

变压器的分类方法很多，通常可按用途、绕组数目、相数、铁芯、调压方式和冷却方式等划分类别。容量为 630 kV·A 及以下的变压器称为小型变压器；容量为 800～6 300 kV·A 的变压器称为中型变压器；容量为 8 000～63 000 kV·A 的变压器称为大型变压器；容量在 90 000 kV·A 及以上的变压器称为特大型变压器。

(1) 按用途分：电力变压器、电炉变压器、实验变压器、整流变压器、调压变压器、启动变压器（小容量自耦变压器）、仪用互感器。

(2) 按绕组数目分：单绕组（自耦）变压器、双绕组变压器、三绕组变压器和多绕组变压器。

(3) 按相数分：单相变压器、三相变压器、多相变压器。

(4) 按调压方式分：无励磁的调压变压器和有励磁的调压变压器。

(5) 按冷却介质和冷却方式分：干式变压器、浸油变压器（包括油浸自冷式、油浸风冷式、强迫油循环式和强迫油循环导向冷却式）和充气式冷却变压器。

2. 变压器的基本结构

变压器虽品种繁多、用途各异，但其基本结构是相同的，主要由铁芯和绕组两个基本部分组成，还有油箱和其他附件。

(1) 铁芯：铁芯是变压器的磁路，又是绕组的机械骨架。铁芯由铁轭芯柱和铁轭两部分组成，套在绕组中的铁芯称为铁轭芯柱，连接铁轭芯柱以构成闭合磁路的部分称为铁轭。

铁芯按结构形式又可分为芯式和壳式两种，如图 3-14、图 3-15 所示。芯式铁芯结构的变压器（简称芯式变压器）的结构特点是绕组包围铁芯，结构比较简单，绕组的装配及绝缘也较容易。壳式铁芯结构的变压器（简称壳式变压器）的特点是铁芯包围线圈。壳式变压器的机械强度高，但制造复杂、铁芯材料消耗多，这种结构在单相和小容量变压器中普遍应用，某些特殊变压器（如电炉变压器）中也采用此结构。

为了减少铁芯的磁带和涡流损耗，提高磁路导磁的性能，铁芯均采用 0.35～0.5 mm 厚的高磁导率的热轧硅钢片或冷轧硅钢片叠成。通常在硅钢片表面涂以绝缘漆，使铁芯片之间绝缘，避免片间短路，铁芯和铁轭的硅钢片一般采用叠接式，即上层和下层交错重叠的方式，此结构可减少叠片接缝处磁路气隙，从而减少磁路磁阻，改善变压器性能，所以被广泛采用，如图 3-16 所示。

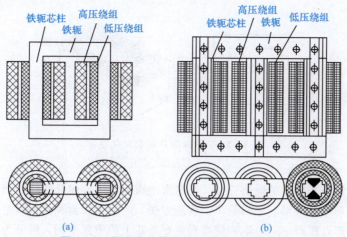

图 3-14　芯式变压器绕组和铁芯的装配示意
（a）单相；（b）三相

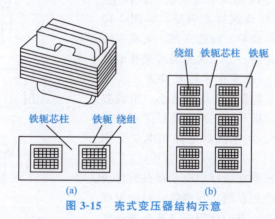

图 3-15　壳式变压器结构示意
（a）单相；（b）三相

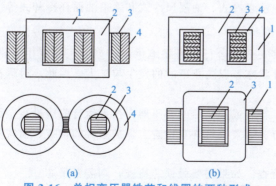

图 3-16　单相变压器铁芯和线圈的两种形式
（a）芯式铁芯，同芯式线圈；（b）壳式铁芯，交叠式线圈
1—铁轭；2—铁轭芯柱；3—低压线圈；4—高压线圈

小型变压器的铁芯还采用 F 形硅钢片叠成卷片式铁芯（C 形铁芯），如图 3-17 所示。卷片式铁芯由单取向的冷轧硅钢片制成，由于磁导率高，损耗小，故制成的变压器重量轻，体积小。

叠装好的铁芯的铁轭用槽钢（或焊接夹件）及螺杆固定。铁轭芯柱则用醇酸玻璃丝粘带绑扎。

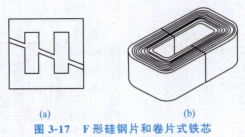

图 3-17　F 形硅钢片和卷片式铁芯
(a) F 形硅钢片；(b) 卷片式铁芯

(2) 绕组。绕组是变压器的电路部分。绕组由绝缘铜导线或铝导线绕制而成。小容量变压器的绕组可制成正方形或长方形，结构简单，制造方便。电力变压器和其他容量较大的芯式变压器的绕组都做成圆筒形，按照一、二次侧绕组套立在铁芯上的位置不同，可分为同芯式绕组和交叠式绕组。

同芯式绕组是将一、二次侧绕组套在同一铁柱上，为了便于绝缘，一般将低压绕组放在内层，如图 3-18 (a) 所示。同芯式绕组结构简单、制造方便，是最常用的一种形式。交叠式绕组是将一、二次侧绕组交替地套在铁柱上，为了便于绝缘，通常在铁轭处放置低压绕组，如图 3-18 (b) 所示。交叠式绕组漏抗小、引线方便、易构成多条并联支路，但一、二次侧绕组之间的绝缘较复杂，主要用于低压、大电流的电焊和电炉变压器中。

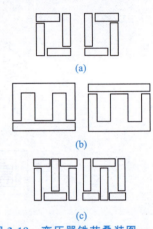

图 3-18　变压器铁芯叠装图
(a) 单相芯式；(b) 单相壳式；(c) 三相

(3) 油箱及附件。变压器在运行中由于存在铜耗与铁耗，使变压器的铁芯和绕组发热，当绝缘材料的温度超过其极限值后，将缩短变压器的使用寿命甚至烧毁变压器。为此，常采用"油浸"的冷却方式以保证变压器安全、可靠地运行，如油浸自冷式、油浸风冷式和强迫油循环冷却式等。

3. 变压器的使用和维护

为了保证变压器能够安全地运行和可靠地供电，当变压器发生异常情况时，应及时发现并处理，将故障消除在萌芽状态，以防止事故的发生与扩大。因此，对运行前和运行中的变压器必须加强维护及检查。

(1) 运行前的检查。新装或检修后的变压器，投入运行前应进行全面的检查，确认其符合运行条件时，方可投入运行。需要进行外观检查、保护系统的检查、监视装置的检查、冷却系统的检查。

(2) 变压器铁芯的检查。如果需要做铁芯检查，则需要吊芯。

(3) 运行中的检查。变压器在正常运行中，值班人员应该对其进行仪表监视和定期或不定期的外部检查，并把检查结果记录在运行日志中。

4. 变压器的检修

变压器的检修分为小修和大修。小修是指将变压器停运，但不吊芯而进行的检修，一般每隔六个月进行一次，不超过一年；大修是指将变压器的器身从油箱中吊出而进行的各项检修，一般每隔5～10年进行一次。检修项目分为变压器小修项目和变压器大修项目。

任务准备与要求

1. 仪器仪表及工具准备

（1）E形铁芯，采用薄型硅钢片若干。

（2）绕制变压器绕组采用的材料漆包线一捆。

（3）绝缘材料：电容器纸、黄蜡带若干。

（4）浸渍材料：甲酚清漆一桶。

2. 教师准备

提前布置实训任务，让学生预习有关知识；按照预先的每3人分组，准备好实训材料和工具，制定好实训程序和步骤，指导学生进行实训活动。

3. 学生准备

做好知识的预习与储备，提前预习变压器的结构与工作原理，制定变压器制作工序，严格遵照实训指导书的操作要求和注意事项，按照组内分工积极参与实训活动。

4. 安全与文明要求

学生听从指导教师的安排及指挥，不在操作台附近相互打闹；保护好电子仪器仪表及工具；遵守实训须知的安全与文明要求；严格按照工艺操作规程进行操作，操作中如发现故障，应立即停止操作并报告指导教师。

任务实施

1. 绕线前的准备工作

（1）选择漆包线和绝缘材料。小型变压器绕组一般采用缩醛漆包圆铜线或聚酯漆包圆铜线。导线截面面积乘以导线匝数应小于铁芯截面面积的30%，否则线包就可能装不进铁芯。绝缘材料的选用必须考虑耐压要求和允许厚度。层间绝缘的厚度应按2倍电压的绝缘强度选用；对于1 000 V以下的变压器，也可采用电压的峰值，即按1.4～1.5倍来选用。

（2）选择或制作绕组骨架；在骨架上垫上绝缘衬垫。

2. 绕线

（1）起绕时，在导线引线头上压入一条黄蜡带，待绕几匝后抽紧起始线头。导线自左向右排列整齐、紧密，不得有交叉或叠线现象，直至绕到规定匝数为止，如图3-19（a）所示。当绕组绕至靠近末端时，先垫入固定出线用的黄蜡带，待绕至末端时，把线头穿入折条，然后抽紧末端线头，如图3-19（b）所示。

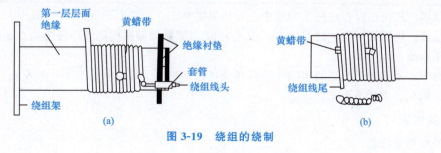

图3-19 绕组的绕制

当绕组线径大于0.35 mm时，绕组的引出线可利用原线，当绕组线径小于0.35 mm时，应采用软线焊接后输出，绕线时通常用最后一层的导线将引出线压紧。引出线应用绝缘套管绝缘。

（2）绕组层次按一次侧、静电屏蔽层、二次侧高压绕组、二次侧低压绕组的顺序依次叠绕；当二次侧绕组数较多时，每绕好一组后用万用表测量是否有断线。

（3）做好层间、绕组间及绕组与静电屏蔽层的绝缘；安放层间绝缘时，必须从骨架所对应的铁芯舌宽面开始安放，如图 3-20 所示。

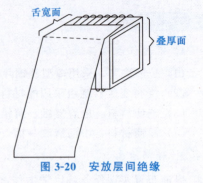

图 3-20　安放层间绝缘

（4）应放置静电屏蔽层，以减弱外来电磁场对电路的干扰。静电屏蔽层的材料为紫铜皮，其宽度应略窄于骨架宽度，长度应略小于绕组一周。

（5）取出绕组，包扎绝缘，并用胶水或绝缘胶粘牢。

（6）绕组绕制完成后，应进行匝数检查、尺寸检查和外观检查。

3. 绕组的测试

（1）不同绕组的绝缘测试。

（2）绕组的断线及短路测试。

4. 铁芯装配

（1）检查硅钢片平整度，去除毛刺并剔除不平整的硅钢片。硅钢片表面不能有锈蚀，应绝缘良好，绝缘不良要重新涂刷绝缘漆。

（2）硅钢片采用交叠方式进行叠装，在绕组两边，两片两片地交叉对插，插到较紧时，一片一片地交叉对插。叠装时要注意避免损伤线包。

（3）当绕组中插满硅钢片时，余下比较难插的钢片，用螺钉旋具撬开硅钢片夹缝插入。

（4）镶插条形片（横条），按铁芯剩余空隙厚度叠好插入。

（5）镶片完毕后，将变压器放在平板上，两头用木槌敲打平整，然后用螺钉或夹板固紧铁芯，并将引出线连接到焊片或接线柱上。

（6）铁芯叠片要求紧密、整齐，以防铁芯截面面积达不到计算要求且会使硅钢片产生振动噪声。

5. 半成品测试

（1）绝缘电阻测试。对于 400 V 以下的变压器，其绝缘电阻值不应小于 1 MΩ。

（2）空载电压的测试。一次侧加额定电压时，二次侧空载电压允许误差不大于 ±5%；中心抽头误差为 ±2%。

（3）空载电流的测试。一次侧加额定电压时，其空载电流应小于额定电流的 5%～8%。

6. 浸漆与烘干

（1）预烘。将绕组放在电热干燥箱中，加热温度至 110 ℃左右，保持 3～4 h。

（2）浸漆。将预烘干燥的绕组取出，放入 1032 三聚氰胺醇酸树脂漆中浸泡约 0.5 h，然后取出绕组滴干余漆。

（3）烘干。浸漆滴干后的绕组或变压器再次送入烘箱内干燥，温度为 120 ℃左右，烘到漆膜完全干燥、固化、不粘手为止。

7. 成品测试

（1）外观质量检查。

（2）绕组的通断检查。用万用表或电桥检查各绕组的通断及直流电阻。

(3) 绝缘电阻的测定。用兆欧表测量各绕组间、绕组与铁芯间及绕组与屏蔽层间的绝缘电阻。

(4) 空载电压的测试。当一次侧电压加到额定值时，二次侧各绕组的空载电压允许误差为 5%；中心抽头电压误差为 2%。

(5) 空载电流的测试。当一次侧电压加到额定值时，空载电流为额定电流的 5%～8%。若大于 10%，它的损耗将很大；若超过 20%，它的温升将超过额定值，不能继续使用。

8. 完成电路测试结论

用万用表、电能表对电路进行测量，填写任务实施过程评价表（表 3-4）。

表 3-4 任务实施过程评价表

任务	小型变压器的设计与测试			
序号	检查项目	检查标准	学生自检	教师检查
1				
2				
3				
4				
5				
6				
7				
8				
9				
10				
检查评价	班级		第　组	组长签字
	教师签字		日期	
	评语：			

点拨

1. 硅钢片含硅量过高，容易碎裂，影响力学性能；含硅量过低，则铁芯导磁性能受到影响，且变压器的损耗将会增大。检查硅钢片的型号，即检查硅钢片的含硅量，可用弯折的方法进行估计。

2. 硅钢片含硅量的检查方法。用钳子夹住硅钢片的一角，将其弯成直角时即能折断，含硅量为 4% 以上；弯成直角后又恢复到原状才折断的，含硅量接近 4%；反复弯三、四次才能折断的，含硅量约为 3%；硅钢片很软、难于折断的，含硅量为 2% 以下。

3. 铁芯的固紧。用螺钉或夹板固紧铁芯时，其夹紧力应均匀适当，以免单边夹紧力过大或铁芯中部隆起。引出线与焊片的焊接或与接线柱的连接，参照图3-21所示进行，要求焊接良好、连接可靠。

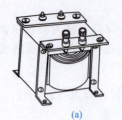
(a)

(b)

(c)

图 3-21 变压器的引出线布置位置

(a) 立式变压器；(b) 卧式变压器；(c) 夹式变压器

任务评价

任务 评价类别	项目	小型变压器的设计与测试		个人评价	小组评价	教师评价
		子项目				
专业能力 (70%)	任务准备 (10%)	收集信息（5%）				
		回答问题（5%）				
	计划 (5%)	计划可执行度（3%）				
		材料工具使用及安排（2%）				
	实施 (30%)	接线操作规范（5%）				
		接线符合要求（10%）				
		功能实现（10%）				
		工具使用熟练（5%）				
	检查 (10%)	全面性、准确性（5%）				
		故障排除（5%）				
	过程 (5%)	实用工具的规范性（2%）				
		操作过程的规范性（2%）				
		工具使用管理（1%）				
	结果（10%）	结果质量（10%）				
社会能力 (30%)	团结协作 (15%)	小组成员合作良好（10%）				
		对小组的贡献（5%）				
	敬业精神 (15%)	学习纪律性（8%）				
		爱岗敬业、吃苦耐劳（7%）				
评价评语	班级		姓名		学号	
	教师签字		组长		总评	
	评语：					

任务反思

1. 如何用较小的电流、较少的材料建立较强的磁场（φ 较大）。

2. 为什么空芯线圈的电感是常数，而铁芯线圈的电感不是常数？铁芯线圈在未达到饱和与达到饱和时，哪种情况下电感最大？

项目4 工业产品的设计与测试

项目导入

本项目通过收音机、万用表、直流稳压电源和光控音乐门铃的设计与制作,巩固电子技术基础理论,掌握电子技术应用过程中的一些基本技能,了解电子系统的设计方法,提高电子基本技能的综合应用能力,锻炼实际动手能力。具备电子电路分析、装配、调试、测试应用能力和初步设计能力,了解行业标准和规范,培养吃苦耐劳、科学严谨、乐于探索、勇于创新的职业素养。

项目目标

知识目标	能力目标	素质目标
1. 掌握电子技术应用过程中的一些基本技能; 2. 掌握常用电子元器件的选型、测量,以及常用元器件的使用方法; 3. 掌握手工焊接的技巧; 4. 掌握万用表、信号源、直流电源、示波器的正确使用方法; 5. 了解电子设备制作、装调的全过程; 6. 掌握查找及排除电子电路故障的常用方法	1. 能够掌握安全用电常识、常用电子元器件及符号的识别和检测方法及焊接技术; 2. 能够掌握常用工具、仪器、仪表的使用方法; 3. 能够掌握PCB的制作方法,了解SMT技术流程,掌握Protel和Multisim仿真软件的使用; 4. 能够具备基本识图技能,掌握PCB中元器件与电路原理图的对应关系; 5. 能够制作、安装、调试简单的电子装置(如万用表、收音机、简单直流稳压电源等); 6. 能够了解SMT技术制作流程,具备初步的电子线路绘图能力; 7. 能够检测并排除简单电路故障	1. 培养综合运用所学的理论知识和基本技能的能力,以及独立分析和解决问题的能力; 2. 培养学生自主学习与实践能力,培养学生创新思维能力; 3. 培养学生综合知识的应用能力

项目实施

任务1 收音机的组装与调试

任务目的

1. 学习HX108-2收音机的工作原理,能识读收音机的框图和电路原理图等工艺文件;
2. 能识别、检测收音机所包含的主要元器件,掌握电子元器件的识别及质量检验;
3. 依照图纸焊接元件,组装收音机,并掌握其调试方法;
4. 能正确完成收音机PCB组装焊接和整机连线、装配;

5. 学会利用工艺文件独立地进行整机的装焊和调试，并达到产品质量要求；
6. 通过对收音机的安装、焊接及调试，了解电子产品的生产制作过程；
7. 能根据电路现象分析和排除电路故障；
8. 能检查和排除组装焊接中存在的质量问题。

任务说明

1. 收音机的组装

收音机是一种用来接收无线电广播的电子设备，曾经广泛应用在家庭生活和车载音响设备中，世界上第一台晶体管收音机诞生于1954年的美国。收音机也成为二十世纪七八十年代中国家庭重要的电子消费品。

随着现代无线通信技术的高速发展，尤其是4G、5G通信技术的应用，人民生活娱乐水平不断提高，收音机的地位逐渐被电视广播和手机占据，传统的收音机渐渐从家庭生活中失去踪迹，人们只能在车载音响设备中发现收音机的身影。

收音机作为一种曾被广泛应用的电子设备，包含电子技术基础中模拟部分的绝大多数知识，掌握收音机的装配与调试不仅可以巩固模拟电子部分的相应知识，还可以训练巩固电子产品整机的安装调试技术。

根据本任务所给出的收音机电路原理图、安装图和工艺说明文件完成晶体管超外差收音机的组装焊接。组装焊接完成后对整机进行全面调试，包括调静态工作点、调中频频率、调频率覆盖、调补偿四个方面，使收音机达到较高的接收灵敏度和较宽的频率覆盖。

通过完成晶体管超外差收音机的组装与调试，形成识读工艺文件和图纸的能力，熟练掌握民用电子产品整机电路组装的工艺流程和技术规范，掌握电子电路检测与调试的基本方法步骤，形成较强的专业技术能力。

2. 焊接工艺

焊接是电子产品组装过程中的重要工艺。焊接质量的好坏，直接影响电子电路及电子装置的工作性能。优良的焊接质量，可为电路提供良好的稳定性、可靠性。不良的焊接方法会导致元器件损坏，给测试带来很大困难，有时还会留下隐患，影响电子设备的可靠性。随着电子产品复杂程度的提高，使用的元器件越来越多，有些电子产品（尤其是有些大型电子设备）要使用几百上千个元件，焊点数量则成千上万。而每一个不良焊点都会影响整个产品的可靠性。因此，焊接质量是电子产品质量的关键。

（1）手工焊接工艺。

1）焊接材料。焊接材料包括焊料和助焊剂。在一般电子产品装配中常使用的助焊剂是酒精、松香水，要注意焊接时的温度。手工焊经常使用管状焊锡丝，焊锡制成管状，内部是优质松香并添加活化剂作为助焊剂，使焊接效果更好。在使用时最好能选用多股焊锡丝，可以保证内部松香填充的连续性。

2）焊接工具。手工焊接中常用的焊接工具是电烙铁。根据加热方式，电子产品装配中常用的电烙铁有外热式与内热式两种，如图4-1和图4-2所示。

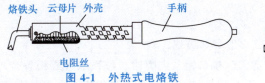

图4-1　外热式电烙铁

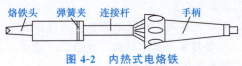

图4-2　内热式电烙铁

电烙铁的选择主要包括功率的选择与形状的选择两部分。功率合适的电烙铁可以保证元器件的安全与焊接的效率，电烙铁的选择原则见表 4-1。

表 4-1 电烙铁的选择原则

用途	烙铁头温度（室温/220 V）/℃	选用烙铁
一般印制电路板安装导线	300～400	20W 内热式、30 W 外热式、恒温式
集成电路	300～400	20W 内热式、恒温式
焊片、电位器、2～8 W 大电阻、大电解电容器、大功率管	350～450	20～50 W 内热式、恒温式、50～75 W 外热式
8 W 以上电阻、2 mm 以上导线	400～550	100 W 内热式、150～200 W 外热式
汇流排、金属板	500～630	300 W 外热式
维修调试一般电子产品		20 W 内热式、恒温式、感应式、储能式

常用烙铁头的形状如图 4-3 所示。有经验的操作人员会根据焊接焊点的密集程度与个人习惯灵活地选择电烙铁。对于一般技术人员来说，复合型烙铁头能够适应大多数情况。

电烙铁有反握法、正握法、握笔法三种握法，如图 4-4 所示。

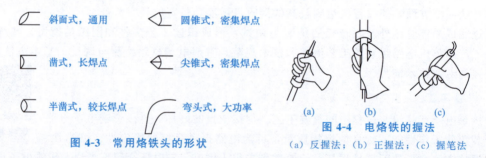

图 4-3 常用烙铁头的形状

图 4-4 电烙铁的握法
(a) 反握法；(b) 正握法；(c) 握笔法

3) 焊接工艺。对于待焊的元器件的引线也要进行可焊性处理，而目前市场上出售的元器件引线出场前都已经过可焊性处理，在使用前应当用砂纸进行打磨或用小刀轻刮，露出金属层，然后镀锡、浸涂助焊剂。元器件镀锡操作过程如图 4-5 所示。如果镀锡后立即使用，可以免去浸蘸助焊剂的步骤。

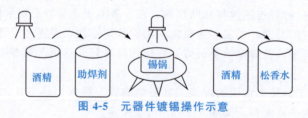

图 4-5 元器件镀锡操作示意

4) 手工焊接步骤。
①准备工作。
a. 可焊性处理：印制电路板、元器件引线、多股导线镀锡。
b. 准备焊接工具和材料：电烙铁、镊子、剪刀、桃口钳、尖嘴钳、松香水（或松香膏）、粗细合适的焊锡丝。焊锡丝有 0.5 mm、0.8 mm、1.0 mm、5.0 mm 等多种规格，应选择直径略小于焊盘的焊锡丝。

c. 检查电烙铁：电烙铁的导线应当无破损，烙铁头刃口完整、干净、光滑、无毛刺和凹槽，否则进行适当修整或清洁。

注意保护电烙铁，无论何种材质的电烙铁，通电前，都要先浸松香水，并挂锡，减少氧化层的形成。

一般电烙铁有三个接线柱，其中一个是接金属外壳的，如果考虑防静电问题，接线时应将三芯线外壳保护接零。

②进行焊接。加热焊件，烙铁头靠在两焊件连接处，均匀加热整个焊件 1～2 s。

注意：要想均匀地加热，应当使烙铁头与两焊件同时接触而不是直接接触到其中的焊盘或引线。焊接时烙铁头的位置如图 4-6 所示。

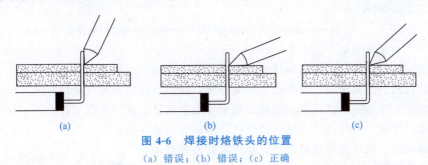

图 4-6　焊接时烙铁头的位置
（a）错误；（b）错误；（c）正确

不要试图用烙铁头对焊件施加压力来提高焊接效率，这可能会造成机械损坏或其他隐患。

采用合适的电烙铁的握法，烙铁到鼻子的距离要大于 20 cm，以减少焊接时挥发出的有害气体的吸入。

送入焊丝时，焊锡丝从烙铁对面接触焊件。

移开焊丝时，当焊丝熔化扩散的范围满足要求后，立即向左上 45°方向移开焊丝。

注意：焊接温度和时间要适中。焊接温度过低，焊锡流动性差，很容易凝固形成虚焊；焊接温度过高，焊锡流淌，焊点不易存锡，焊剂分解速度加快，金属表面加速氧化，导致印制电路板上的焊盘脱落。焊接时间太长会造成焊锡堆积；太短焊锡过少，机械强度不够。

判断焊接温度和时间是否合适的标准是焊点光亮、圆滑，如果焊点不亮，外观粗糙，则说明温度不够，时间太短。

移开烙铁时，焊锡浸润到整个焊点后，向上提拉或向右上 45°方向移开烙铁。

注意：焊接三极管时用镊子夹住引脚帮助散热，焊接时间要尽量短。焊锡凝固过程中不要晃动元器件引线，例如，使用镊子夹住元器件时，一定要等焊锡凝固后移走镊子，否则容易造成虚焊。

整个焊接过程如图 4-7 所示。焊接中注意随时用烙铁架或湿布蹭去烙铁头上的杂质；焊接结束后，电烙铁要稳妥地插放在烙铁架上。注意，导线等物不要碰到烙铁头，以免烫坏导线。

③检验修整。

a. 检验焊点：典型的焊点焊锡量适当，焊点表面无裂纹、针孔、夹渣，有金属光泽。表面平整，呈半弓形下凹，焊料与焊件交界处平滑过渡，外形以焊点为中心，均匀、呈裙形拉开，外观如图 4-8 所示。

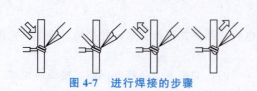

图 4-7 进行焊接的步骤

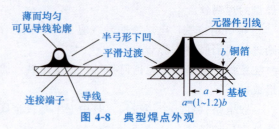

图 4-8 典型焊点外观

b. 剪除引脚：焊接后将露在印制电路板表面上的元器件引脚齐根剪去。

注意：铅属于有毒金属，在人体中积蓄能够引起铅中毒。焊接完毕后要洗手，以免食入铅尘。

（2）自动焊接工艺。自动化焊接工艺流程如下：

在大规模生产中，从元件筛选测试到电路板的装配焊接，都由自动化装置来完成，如自动测试机、元件清洗机、浸锡设备、插装机、波峰焊机、助焊剂自动涂覆设备等，已开始广泛使用。

自动化焊接技术主要包括浸焊、波峰焊和近年来发展迅猛的再流焊等焊接技术。

焊点要求：可靠的电气连接；足够的机械强度；光洁整齐的外观。

拆焊是指维修、调试或焊接错误时，经常需要将元器件从电路板上拆除下来。

吸锡器属于拆焊专用工具，使用时将吸锡器里面的空气压出并卡住，再用电烙铁将被拆的焊点加热，使焊料熔化。然后把吸锡器的锡嘴对准熔化的焊料，按一下吸锡器上的小凸点，焊料就被吸进吸锡器，如图 4-9 所示。

铜编织线拆焊：屏蔽线编制层、细铜网及多股铜导线等都可以用作吸锡材料。

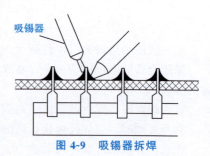

图 4-9 吸锡器拆焊

任务准备与要求

1. 仪器仪表及工具准备

（1）HX108-2 收音机整机原理框图如图 4-10 所示。

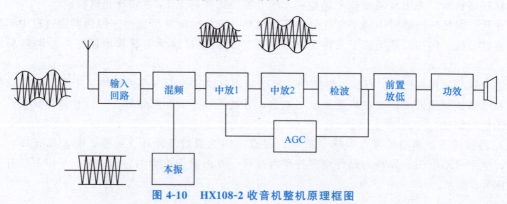

图 4-10 HX108-2 收音机整机原理框图

（2）HX108-2 收音机电路原理如图 4-11 所示。

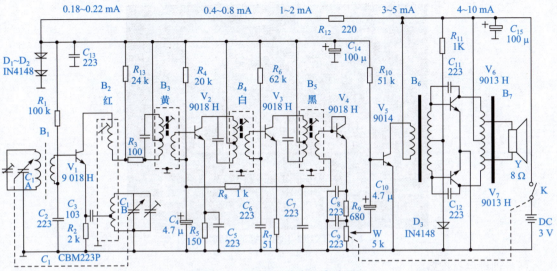

图 4-11　HX108-2 收音机电路原理

（3）HX108-2 收音机的装配图如图 4-12 所示。

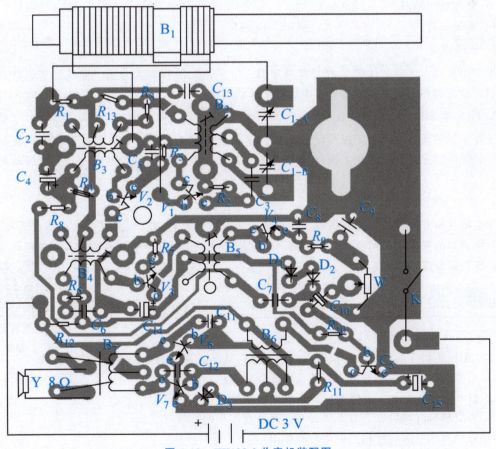

图 4-12　HX108-2 收音机装配图

(4) HX108-2 收音机的印制电路图如图 4-13 所示。

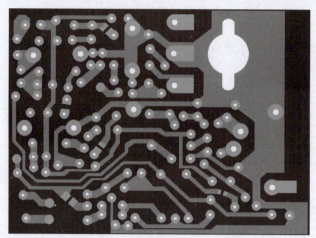

图 4-13　HX108-2 收音机的印制电路图

(5) 训练器材准备。
1) 收音机套件。
2) 万用表。
3) 直流稳压电源。
4) 焊接工具。

2. 教师准备

提前布置实训任务，让学生预习有关知识；按照预先的每 3 人分组，准备好实训材料和工具，制定好实训程序和步骤，指导学生进行实训活动。

3. 学生准备

做好知识的预习与储备，提前预习 HX108-2 收音机的工作原理，制定 PCB 组装焊接和整机连线、装配的程序，严格遵照实训指导书的操作要求和注意事项，按照组内分工积极参与实训活动。

4. 安全与文明要求

学生听从指导教师的安排及指挥，不在操作台附近相互打闹；保护好电子仪器仪表及工具；遵守实训须知的安全与文明要求；严格按照工艺操作规程进行操作，操作中如发现故障，应立即停止操作并报告指导教师。

任务实施

元器件的检测
与识别

1. 元器件的检测与识别

(1) 按照元器件明细对收音机套件进行清点，确认元器件的数量和规格符合要求。
1) 请按材料清单一一对应，记清每个元件的名称与外形；
2) 打开时请小心，不要将塑料袋撕破，以免材料丢失；
3) 清点材料时请将机壳后盖当容器，将所有的东西都放在里面；
4) 清点完成后请将材料放回塑料袋备用；
5) 暂时不用的请放在塑料袋里。

(2) 检测元器件外观有无标识不清、引脚断裂、外形破损现象，不合格的装配件不得安装。

(3) 通过观察颜色标识，区分中频变压器与振荡线圈、输入/输出变压器等易混淆器件。

(4) 用万用表欧姆挡对二极管、三极管器件进行外观型号识别和引脚检测。

1) 二极管的识别与检测。根据二极管的单向导电性这一特点可知，性能良好的二极管，其正向电阻小，反向电阻大，这两个数值相差越大越好。若相差不多，说明二极管的性能不好或已经损坏。测量时，选用万用表的欧姆挡，一般用 $R×100$ 或 $R×1k$ 挡，而不用 $R×1$ 或 $R×10k$ 挡。因为 $R×1$ 挡的电流太大，容易烧坏二极管，$R×10k$ 挡的内电源电压太大，易击穿二极管。

将两表笔分别接在二极管的两个电极上，读出测量的阻值；然后将表笔对换再测量一次，记下第二次阻值。若两次阻值相差很大，说明该二极管性能良好；并根据测量电阻小的那次的表笔接法（称为正向连接），判断出与黑表笔连接的是二极管的正极，与红表笔连接的是二极管的负极。这是因为万用表的内电源的正极与万用表的"—"插孔连通，内电源的负极与万用表的"+"插孔连通。如果两次测量的阻值都很小，说明二极管已经击穿；如果两次测量的阻值都很大，说明二极管内部已经断路，两次测量的阻值相差不大，说明二极管性能欠佳。在这些情况下，二极管就不能使用了。必须指出：由于二极管的伏安特性是非线性的，用万用表的不同电阻挡测量二极管的电阻时，会得出不同的电阻值；实际使用时，流过二极管的电流会较大，因而二极管呈现的电阻值会更小些。

2) 三极管的识别与检测。三极管是含有两个 PN 结的半导体器件。根据两个 PN 结连接方式的不同，可以分为 NPN 型和 PNP 型两种不同导电类型的三极管。测试三极管要使用万用表的欧姆挡，并选择 $R×100$ 或 $R×1k$ 挡位。由万用表欧姆挡的等效电路可知，红表笔所连接的是表内电池的负极，黑表笔则连接着表内电池的正极。假定并不知道被测三极管是 NPN 型还是 PNP 型，也分不清各引脚是什么电极。测试的第一步是判断哪个引脚是基极。这时，任取两个电极，如这两个电极为 1、2，用万用表两支表笔颠倒测量它的正、反向电阻，观察表针的偏转角度；接着，取 1、3 两个电极和 2、3 两个电极，分别颠倒测量它们的正、反向电阻，观察表针的偏转角度。在这三次颠倒测量中，必然有两次测量结果相近，即颠倒测量中表针一次偏转大，一次偏转小；剩下一次必然是颠倒测量前后指针偏转角度都很小，这一次未测的那只引脚就是基极。

找出三极管的基极后，就可以根据基极与另外两个电极之间 PN 结的方向来确定三极管的导电类型。将万用表的黑表笔接触基极，红表笔接触另外两个电极中的任一电极，若表头指针偏转角度很大，则说明被测三极管为 NPN 型管；若表头指针偏转角度很小，则被测三极管为 PNP 型管。

找出了基极 b，另外两个电极哪个是集电极 c，哪个是发射极 e 呢？这时可以用测穿透电流 I_{CEO} 的方法确定集电极 c 和发射极 e。

对于 NPN 型三极管，用万用表的黑、红表笔颠倒测量两极间的正、反向电阻 R_{ce} 和 R_{ec}，虽然两次测量中万用表指针偏转角度都很小，但仔细观察，总会有一次偏转角度稍大，此时电流的流向一定是黑表笔→c极→b极→e极→红表笔，电流流向正好与三极管符号中的箭头方向一致（"顺箭头"），所以此时黑表笔所接的一定是集电极 c，红表笔所接的一定是发射极 e。

对于 PNP 型的三极管，道理也类似于 NPN 型，其电流流向一定是黑表笔→e极→b极→c极→红表笔，其电流流向也与三极管符号中的箭头方向一致，所以此时黑表笔所接的一定是发射极 e，红表笔所接的一定是集电极 c。

2. 整机组装与焊接

(1) 认真阅读焊接作业指导书，阅读安装电路图，准备焊接工具。

(2) 插装元器件，使用焊接工具对元件进行焊接操作。

焊接顺序：电阻器—二极管—电容器—三极管—中频变压器（中周）—输入/输出变压器—音量开关—双联电容。

(3) 组装磁性天线，将两个线圈引线焊接在电路板正确位置。

(4) 将电源引线、扬声器引线焊接在电路板正确位置。

(5) 将电路板预留的测试点用焊锡连接（测试工作完成后）。

3. 焊接作业质量检查

(1) 按照 IPC-A-610E 电子装联可接受标准及元器件引脚加工成形工艺要求检查本次任务作业质量，记录检查结果。

(2) 检查内容包括元器件安装是否正确、元器件组装是否符合工艺要求、焊点质量是否牢固可靠、导线加工质量是否符合要求，以及 PCB 板面的清洁度和机械安装质量是否满足要求等方面。

4. 静态工作点的调整

(1) 在收音机 PCB 预留的工作电流测试断点处用电流挡测试静态电流，记录数据并分析。

(2) 选择一个阻值适当的电位器，串联一个适当阻值的固定电阻，制作成调整静态工作点的辅助器件，替换原有的偏置电阻后进行调测。

5. 中频频率的调整

(1) 让被调收音机接收中波段低端一个信号不太强的电台，用无感起子按 B_5、B_4、B_3 的顺序逐个缓慢旋动中周磁芯，每只都旋到扬声器发声最响为止，当顺向旋进时声音没有增大的迹象，则应改为反向旋出［图 4-14（a）］。

(2) 将万用表置直流 1 mA 挡，串联接入第一中放管 V_2 集电极电路。在电流表两端并联 0.033 μF 电容器 C 和 1 kΩ 的电位器 R_P。调节 R_P 使无信号时电流表指针满偏，接收到电台信号后，按 B_5、B_4、B_3 由后至前旋动各中周磁芯，均调到电流示数最小为止［图 4-14（b）］。

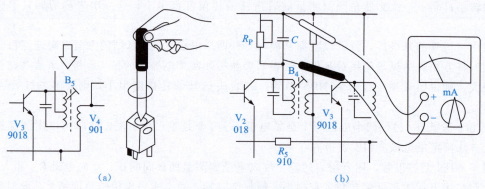

图 4-14 中频频率调试

6. 故障分析与排除

实习组装调整中易出现的问题如下所述。

(1) 变频部分。判断变频级是否起振，用万用表直流 2.5 V 挡接 V_1 发射级，黑表笔接地，然后用手摸双联振荡联（连接 B_2 端），万用表指针向左摆动，说明电路工作正常，否则说明电路中有故障。变频级工作电流不宜太大，否则噪声大。红色振荡线圈外壳两脚均应焊牢，以防调谐盘卡盘。

(2) 中频部分。中频变压器序号位置搞错，结果是灵敏度和选择性降低，有时有自激。

(3) 低频部分。输入、输出位置搞错,虽然工作电流正常,但音量很低;V_6、V_7 集电极(c)和发射级(e)搞错,工作电流调不上,音量极低。

7. 任务实施过程评价

填写任务实施过程评价表(表4-2)。

表 4-2　任务实施过程评价表

任务	收音机的组装与调试			
序号	检查项目	检查标准	学生自检	教师检查
1				
2				
3				
4				
5				
6				
7				
8				
9				
10				
检查评价	班级		第　组	组长签字
	教师签字		日期	
	评语:			

点拨

电阻器、二极管一般采用卧式安装;电容器全部采用立式安装,不要太高;电源、扬声器、天线线圈的引线要提前镀锡;中周、输入和输出变压器、双联电容、音量旋钮等器件要紧贴电路板安装。

任务评价

任务	收音机的组装与调试				
评价类别	项目	子项目	个人评价	小组评价	教师评价
专业能力(70%)	任务准备(10%)	收集信息(5%)			
		回答问题(5%)			
	计划(5%)	计划可执行度(3%)			
		材料工具使用及安排(2%)			
	实施(30%)	接线操作规范(5%)			
		接线符合要求(10%)			
		功能实现(10%)			
		工具使用熟练(5%)			

续表

任务		收音机的组装与调试			
评价类别	项目	子项目	个人评价	小组评价	教师评价
专业能力（70%）	检查（10%）	全面性、准确性（5%）			
		故障排除（5%）			
	过程（5%）	实用工具的规范性（2%）			
		操作过程的规范性（2%）			
		工具使用管理（1%）			
	结果（10%）	结果质量（10%）			
社会能力（30%）	团结协作（15%）	小组成员合作良好（10%）			
		对小组的贡献（5%）			
	敬业精神（15%）	学习纪律性（8%）			
		爱岗敬业、吃苦耐劳（7%）			
评价评语	班级		姓名		学号
	教师签字		组长		总评
	评语：				

任务反思

1. 若收音机调试过程中出现混台现象（同时接收两个及以上电台信号），试分析故障原因。
2. 若收音机调试过程中发现没有声音或有一点"沙沙"声，试分析故障点出现在哪里。
3. 试分析声音失真有几种情况，检修逻辑是什么样的。

任务 2　万用表的设计与调试

任务目的

1. 认识万用表的基本结构，掌握 MF-47 型万用表的测量原理及注意事项；
2. 认识常用交、直流电源；
3. 了解电阻器的分类，知道各类电阻器的特性和标识的识读方法；
4. 了解示波器的基本结构和工作原理，掌握示波器的调节和使用方法；
5. 掌握用示波器观察电信号波形、幅度、频率和相位差的方法；
6. 在熟悉指针式万用表工作原理的基础上学习装配和调试；
7. 学会排除指针式万用表的常见故障；
8. 通过实训熟练掌握锡焊技术。

任务说明

1. MF-47 型万用表的功能

MF-47 型万用表具有 26 个基本量程，还有测量电平、电容、电感、晶体管直流参数等 7 个附加参考量程，是一种量程多、分挡细、灵敏度高、体形轻巧、性能稳定、过载保护可靠、读数清晰、使用方便的通用型万用表。

2. MF-47 型万用表的特点

MF-47 型万用表采用高灵敏度的磁电系整流式表头，造型大方，设计紧凑，结构牢固，携带方便。其特点如下：

（1）测量机构采用高灵敏度表头，并采用硅二极管保护，保证过载时不损坏表头，线路设有 0.5 A 熔丝以防止挡位误用时烧坏电路。

（2）在电路设计上考虑了湿度和频率补偿。

（3）在低电阻挡选用 2 号干电池供电，电池容量大、寿命长。

（4）配合高压表笔和插孔，可测量电视机内 25 kV 以下高压。

（5）配有晶体管静态直流放大系数检测挡位。

（6）表盘标度尺刻度线与挡位开关旋钮指示盘均为红、绿、黑三色，分别按交流是红色、晶体管是绿色、其余是黑色对应制成，共有 7 条专用刻度线，刻度分开，便于读数；配有反光铝膜，可以消除视差，提高读数精度。

（7）除测量交直流 2 500 V 电压挡和测量直流 5 A 电流挡分别有单独插孔外，其余各电量的测量只需转动一个挡位开关旋钮进行选择，使用方便。

（8）外壳上装有提把，不仅便于携带，而且可在必要时做倾斜支撑，便于读数。

3. MF-47 型指针式万用表的结构

指针式万用表的形式很多，但基本结构都是由机械部分、显示部分、电气部分三大块组成，如图 4-15 所示。机械部分包括外壳、挡位开关旋钮及电刷等部分；显示部分是一个高灵敏度电流表头；电气部分由测量电路板、电位器、电阻、二极管、电容等元器件组成。

项目 4　工业产品的设计与测试

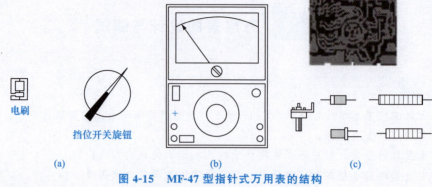

图 4-15 MF-47 型指针式万用表的结构

(a) 机械部分；(b) 显示部分；(c) 电气部分

表头是万用表的测量显示装置，指针式万用表采用控制显示面板＋表头一体化结构；挡位开关旋钮用来选择被测电量的种类和量程；测量电路板将不同性质和大小的被测电量转换为表头所能接受的直流电流。万用表可以测量直流电流、直流电压、交流电压和电阻等多种电量。当挡位开关旋钮拨到直流电流挡时，可分别与 5 个接触点接通，用于测量 500 mA、50 mA、5 mA 和 500 μA、50 μA 量程的直流电流；当挡位开关旋钮拨到欧姆挡时，可分别测量×1 Ω、×10 Ω、×100 Ω、×1 kΩ、×10 kΩ 量程的电阻；当挡位开关旋钮拨到直流电压挡时，可分别测量 0.25 V、1 V、2.5 V、10 V、50 V、250 V、500 V、1 000 V 量程的直流电压；当挡位开关旋钮拨到交流电压挡时，可分别测量 10 V、50 V、250 V、500 V、1 000 V 量程的交流电压。

4. MF-47 型指针式万用表的工作原理

(1) 测量电压和电流时的工作情况。当测量电压和电流时，外部电路的电流流入表头，因此在表头的电路里不需要接电池。当把挡位开关旋钮 SA 打到交流电压挡时，通过二极管 VD 对交流电进行整流，通过电阻 R_3 限流，电压的数值由表头显示出来，如图 4-16 所示。

当把挡位开关旋钮 SA 打到直流电压挡时，此时不需要二极管进行整流，仅需电阻 R_2 限流，表头即可显示直流电压的数值。

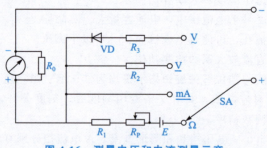

图 4-16 测量电压和电流测量示意

(2) 测量电阻时的工作情况。MF-47 型万用表电阻挡工作原理如图 4-17 所示。测量电阻的电阻挡分为×1 Ω、×10 Ω、×100 Ω、×1 kΩ、×10 kΩ 五个量程，当挡位开关旋钮打到某一个量程时，与该量程中的一个电阻形成回路，使表头偏转，测出阻值的大小。例如，将挡位开关旋钮打到×1 Ω 时，外接被测电阻通过"－COM"端与公共显示部分相连；通过"＋"端经过 0.5 A 熔断器接到电池，再经过电刷旋钮与 R_{18} 相连，WH_1 为电阻挡公用调零电位器，最后与公共显示部分形成回路，使表头偏转，测出阻值的大小。

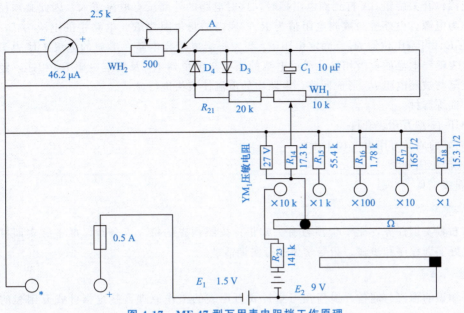

图 4-17　MF-47 型万用表电阻挡工作原理

任务准备与要求

1. 仪器仪表及工具准备

（1）MF-47 型万用表的电路原理。MF-47 型万用表的电路原理如图 4-18 所示。它的显示表头是一个直流 μA 表，WH_2 是电位器用于调节表头回路中的电流大小，D_3、D_4 两个二极管反向并联并与电容 C_1 并联，用于保护限制表头两端的电压，起保护表头的作用，使表头不致因电压、电流过大而烧坏。电阻挡分为×1 Ω、×10 Ω、×100 Ω、×1 kΩ、×10 kΩ 几个量程，当挡位开关旋钮打到某一个量程时，与某一个电阻形成回路，使表头偏转，测出阻值的大小。

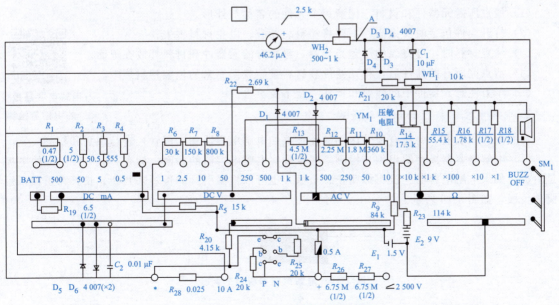

图 4-18　MF-47 型万用表的电路原理

项目 4　工业产品的设计与测试

当把挡位开关旋钮 SA 打到测电阻挡时,这时电路的外部没有电流流入,因此必须使用表内的电池作为电源。设外接的被测电阻值为 R_x,表内的总电阻为 R,电路中的电流为 I,由电阻 R_x、电池 E、可调电位器 R_P、固定电阻 R_1 和表头组成闭合电路,形成的电流 I 使表头的指针偏转。红表笔与电池的负极相连,通过电池的正极与电位器 R_P 及固定电阻 R_1 相连,经过表头接到黑表笔与被测电阻 R_x 形成回路,电路中的电流使表头进行显示。

(2) 训练器材。

1) MF-47 型万用表套件。
2) 完好的成品万用表(校正用)。
3) 直流稳压电源。
4) 焊接工具。

2. 教师准备

提前布置实训任务,让学生预习有关知识;按照预先的每 3 人分组,准备好实训材料和工具,制定好实训程序和步骤,指导学生进行实训活动。

3. 教师准备

做好知识的预习与储备,提前预习指针式万用表的工作原理,制定指针式万用表的装配与调试程序,严格遵照实训指导书的操作要求和注意事项,按照组内分工积极参与实训活动。

4. 安全与文明要求

学生听从指导教师的安排及指挥,不在操作台附近相互打闹;保护好电子仪器仪表及工具;遵守实训须知的安全与文明要求;严格按照工艺操作规程进行操作,操作中如发现故障,应立即停止操作并报告指导教师。

任务实施

1. 对照图纸清点材料

清点材料时要注意以下几个方面:
(1) 清点所需元器件和材料,记清每个元件的名称与外形。
(2) 打开套件包装时要细心,不要将塑料袋撕破,以免材料丢失。
(3) 清点材料时,可将表的后盖当容器,将所有的元器件和材料都放在里面。
(4) 清点完所有的器件后,将元器件和材料重新放回原来的包装塑料袋中。
(5) 千万注意元器件中的弹簧和钢珠一定不要丢失。

2. 电解电容器极性的识别与检测

电解电容器极性的识别与检测

在装配万用表前,要对有极性区别的元件(如电解电容器和二极管)进行识别和检测。

(1) 电解电容器极性的识别与检测。注意观察电解电容器的表面,标有"一"号对应的电极是负极,如果电解电容器上没有标明正、负极,也可以根据引脚的长短来判断,长脚为正极,短脚为负极,如图 4-19 所示。

图 4-19 电解电容器极性的判断

如果已经把引脚剪短,并且电解电容器上没有标明正负极,那么可以用万用表来判断,判断的方法是正接时漏电流小（阻值大），反接时漏电流大。

因为电解电容器的容量比较大，所以测量时，应针对不同容量选用合适的量程。根据经验，一般情况下，1~47 μF 间的电解电容器，可用 $R\times 1\,\mathrm{k}$ 挡测量，大于 47 μF 的电解电容器可用 $R\times 100$ 挡测量。

将万用表红表笔接负极，黑表笔接正极，在刚接触的瞬间，万用表指针即向右偏转较大角度（对于同一电阻挡，容量越大，指针偏转越大），接着逐渐向左回转，直到停在某一位置。此时的阻值便是电解电容器的正向漏电阻，正常情况下，指针应指向无穷大。在测试中，若正向、反向均无充电的现象，即表针不动，则说明容量消失或内部断路；如果所测阻值很小或为零，说明电解电容器漏电大或已击穿损坏，不能再使用。

（2）小容量电解电容器的检测。小容量电解电容器的容量太小，用万用表进行测量，只能定性检查其是否有漏电、内部短路或击穿现象。测量时，可选用万用表 $R\times 10\,\mathrm{k}$ 挡，用两表笔分别任意接电解电容器的两个引脚，阻值应为无穷大。若测出阻值（指针向右摆动）为零，则说明电解电容器漏电损坏或内部击穿。

（3）二极管极性的识别与检测。在二极管的表面一般有色环（黑色或银色）标志，靠近色环的一端，其极性为负极，如图 4-20 所示。具体内容已在项目 4 任务 1 讲述，在此不再赘述。

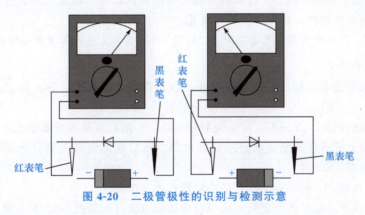

图 4-20　二极管极性的识别与检测示意

3. 元器件的插装与焊接

（1）清除元器件（简称元件）引线表面的氧化层。元件经过长期存放，会在元件表面形成氧化层，不但使元件难以焊接，而且影响焊接质量，因此当元件表面存在氧化层时，应首先清除元件表面的氧化层。注意不能用力过猛，以免使元件引脚受伤或折断。用锯条轻刮元件引脚的表面，左手慢慢地转动，直到表面氧化层全部去除。为了使电池夹易于焊接，要用尖嘴钳前端的齿口部分将电池夹的焊接点锉毛，去除氧化层。

（2）将元器件引脚成形。用镊子紧靠电阻的本体，夹紧元件的引脚，使引脚的弯折处，距离元件的本体有 2 mm 以上的间隙。用手夹紧镊子，另一只手的食指将引脚弯成直角。注意：不能用手捏住元件本体，右手紧贴元件本体进行弯制，如果这样，引脚的根部在弯制过程中容易受力而损坏。

（3）元器件的插装。引脚之间的距离，根据电路板孔距而定，引脚修剪后的长度大约为 8 mm，如果有孔的元件安装孔距离较大，应根据电路板上对应的孔距弯曲成形。元器件做好后应按规格型号的标注方法进行读数。将胶带轻轻贴在纸上，把元器件插入、贴牢，写上元器件规格型号值，然后将胶带贴紧备用。注意：不要把元器件引脚剪太短。

（4）元器件的焊接。为了便于使用，电烙铁在每次使用后都要进行维修，将烙铁头上的黑色氧化层锉去，露出铜的本色，在电烙铁加热的过程中要注意观察烙铁头表面的颜色变化，随着颜色的变深，电烙铁的温度渐渐升高，这时要及时把焊锡丝点到烙铁头上，焊锡丝在一定温度时熔化，将烙铁头镀锡，保护烙铁头，镀锡后的烙铁头为白色。

如果烙铁头上挂有很多锡，不易焊接，可在烙铁架中带水的海绵上或在烙铁架的钢丝上抹去多余的锡。不可在工作台或其他地方抹去。

焊接时先将电烙铁在电路板上加热，大约 2 s 后，送焊锡丝，观察焊锡量的多少，不能太多，造成堆焊；也不能太少，造成虚焊。当焊锡熔化发出光泽时焊接温度最佳，应立即将焊锡丝移开，再将电烙铁移开。为了在加热中使加热面积最大，要将烙铁头的斜面靠在元件引脚上，烙铁头的顶尖抵在电路板的焊盘上。焊点高度一般为 2 mm 左右，直径应与焊盘相一致，引脚应高出焊点大约 0.5 mm。

(5) 错焊元件的拔除。当元件焊错时，要将错焊元件拔除。先检查焊错的元件应该焊在什么位置，正确位置的引脚长度是多少，如果引脚较长，为了便于拔出，应先将引脚剪短。在烙铁架上清除烙铁头上的焊锡，将电路板绿色的焊接面朝下，用电烙铁将元件引脚上的锡尽量刮除，然后将电路板竖直放置，用镊子在黄色的面将元件引脚轻轻夹住，在绿色面，用电烙铁轻轻烫，同时用镊子将元件向相反方向拔除。拔除后，焊盘孔容易堵塞，有两种方法可以解决这一问题。

1) 电烙铁稍烫焊盘，用镊子夹住一根废元件脚，将堵塞的孔通开。

2) 将元件做成正确的形状，并将引脚剪到合适的长度，镊子夹住元件，放在被堵塞孔的背面，用电烙铁在焊盘上加热，将元件推入焊盘孔。

注意用力要轻，不能将焊盘推离电路板，使焊盘与电路板间形成间隙或者使焊盘与电路板脱开。

4. 万用表的调试

万用表的调试方法有两种：一种是用专业的调试设备进行校准；另一种是用普通数字万用表进行校准。

(1) 直流量程的调整。万用表直流电流测量电路，一般与其他各类测量电路有着不同形式的联系，在不同程度上形成各类测量电路的公共电路。所以在调整其他测量电路之前必须先调整好直流电流测量电路。

1) 基准挡的选择。一般以直流电流最小量程作为基准挡。

2) 基准挡的调整。基准挡选定后，就可以将被调电表接入如图 4-21 所示的电路，调节 W_1、W_2 或电源，使被调表达到满刻度，记下标准表读数并与之进行比较。若被调表指示值偏离标准值较大，可调节与表头相串联的可调电阻，直至被调表指示与标准表指示一致为止。

3) 直流电流其他挡的调整。基准挡调好以后，还应对直流电流其他各挡一一调整。按图 4-21 所示的电路接线。通常由最大量程开始（因为最大量程的分流电阻阻值小，对前面量程带来的误差可以忽略），依次逐挡调整，使各挡误差均符合基本误差，否则应更换相应的电阻元件。有时也可采取统一补偿法，即在允许误差范围内，适当调整基准挡的电流值，使各挡都不超过允许误差。

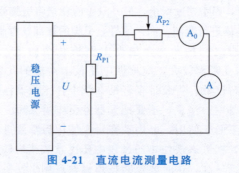

图 4-21　直流电流测量电路

4)直流电压挡的调试。直流电压挡的调整是在直流电流挡已经调整好的基础上进行的。当直流电流挡调好后,直流电压及其他部分的故障就相对地减少了。

按图 4-22 所示电路接线,调节稳压电源的输出,使被调表达到较大值,记下标准表的读数,与之比较,确定准确度等级。若准确度不符合要求,需检查或更换分压电阻。

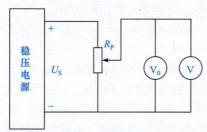

图 4-22　万用表直流电压挡调试电路

(2)交流电压挡的调整。

1)基准挡的选择。交流电压挡的调整是在完成了直流量程调整的基础上进行的。万用表一般设有交流电压挡。由于低压挡受二极管内阻不一致影响,误差较大,一般不宜作为基准挡,因此可以选择100～300 V中的某一量程作为基准挡,因此,MF-47型万用表应选250 V挡。

2)基准挡的调整。基准挡选定后,按图 4-23 所示电路接线。调节自耦变压器或电阻,比较被调表和标准表的读数,计算出误差范围。当被调表超出误差范围,可移动整流元件输出端可变电阻的动触片,当被调表指示值偏大时,应增大表头支路的电阻(滑动头向上移);当被调表指示值偏小时,应减小表头支路的电阻(滑动头向下移),直至达到规定指示值为止。

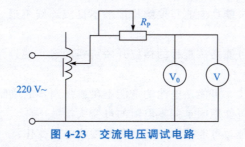

图 4-23　交流电压调试电路

3)其他量程的调整。基准挡调整好后,还应对其他各量程逐挡调整,方法和基准挡一样,各挡误差都应满足规定的精度,否则应更换相应的元件。

在对小量程交流电流挡的调整中,还应注意电源内阻的影响。

(3)电阻量程的调整。电阻量程的调整也是在直流电流挡调整好之后进行的。

1)基准挡的选择。对于 MF-47 型万用表通常选择 $R×1$ k 挡,即一般选择不加限流电阻的那一挡。

2)基准挡的调整。基准挡的调整是将标准电阻串入电路,看被调表指示与标准表指示是否一致,以确定被调表的误差。在实验室中通常用标准电阻箱来检定。校准检查分为三点进行,即中心值、刻度长的四分之一、刻度长的四分之三处的欧姆指示值。

3)其他量程的调整。当基准挡调整好后,应对所有量程逐挡给定标准电阻校验该挡,其误差均应在规定的范围内。由于电阻测量电路与直流电流有共用的电路部分,调整时应保证直流电流已经调整好的误差不致被破坏,最好不调分流电阻,而适当调整电阻挡限流电阻值。

5. 万用表常见故障的排除

对于刚刚组装好的万用表,可能出现的故障是多方面的,最好在组装好后,先仔细地检查线路安装是否正确,焊点是否焊牢,这样可降低故障的可能性。然后进行调试和检修。

(1) 直流电流挡的常见故障及原因。

1) 标准表有指示,被调表各挡无指示,可能是表头线路断开或与表头串联的电阻损坏、脱焊、断头等。

2) 标准表与被调表都无指示,可能是公共线路断路。

3) 被调表某一挡误差很大,而其余挡正常,可能是该挡分流电阻与邻挡分流电阻接错。

(2) 直流电压挡常见故障及原因。

1) 标准表工作,而被调表各量程均不工作,可能是最小量程分压电阻开路或公共的分压电阻开路;也可能是挡位开关旋钮接触点或连线断开。

2) 某一量程及以后量程都不工作,其以前各量程都工作,可能是该量程的分压电阻断开。

3) 某一量程误差突出,其余各量程误差合格,可能是该挡分压电阻与相邻挡分压电阻接错。

(3) 交流电压挡常见故障及原因。在检修交流电压挡故障时,由于交、直流电压挡共用分压电阻,因此在除了排除直流电流挡的故障外,还应在排除直流电压挡故障后,再去检查交流电压挡。这样做会使故障范围缩小。

1) 被调表各挡无指示,而标准表工作。可能是最小电压量程的分压电阻断路或挡位开关旋钮的接触点、连线不通,也可能是交流电压用的与表头串联的电阻断路。

2) 被调回路虽然通但指示极小,甚至只有 5%,或者指针只是轻微摆动,可能是整流二极管被击穿。

(4) 电阻挡常见故障及原因。电阻挡有内附电源,通常仪表内部电路的通断情况的初检就用电阻挡来进行检查。

1) 全部量程不工作,可能是电池与接触片接触不良或连线不通,也可能是挡位开关旋钮没有接通。

2) 个别量程不工作,可能是该量程的挡位开关旋钮的触点或连线没有接通,或该量程专用的串联电阻断路。

3) 全部量程调不到零位,可能是电池的电能不足或是调零电位器中心头没有接通。

4) 调零位指针跳动,可能原因是调零电阻的可变头接触不良。

5) 个别量程调不到零位,可能原因是该量程的限流电阻变化。

6. 任务实施过程评价

填写任务实施过程评价表(表 4-3)。

表 4-3 任务实施过程评价表

任务	万用表的设计与调试			
序号	检查项目	检查标准	学生自检	教师检查
1				
2				
3				
4				
5				
6				
7				
8				

续表

任务	万用表的设计与调试			
序号	检查项目	检查标准	学生自检	教师检查
9				
10				
检查评价	班级		第 组	组长签字
	教师签字		日期	
	评语：			

点拨

对于刚刚组装好的万用表，可能出现的故障是多方面的，最好在组装好后，先仔细地检查线路安装是否正确，焊点是否焊牢，这样可降低故障的可能性。然后进行调试和检修。

任务评价

任务	万用表的设计与调试				
评价类别	项目	子项目	个人评价	小组评价	教师评价
专业能力（70%）	任务准备（10%）	收集信息（5%）			
		回答问题（5%）			
	计划（5%）	计划可执行度（3%）			
		材料工具使用及安排（2%）			
	实施（30%）	接线操作规范（5%）			
		接线符合要求（10%）			
		功能实现（10%）			
		工具使用熟练（5%）			
	检查（10%）	全面性、准确性（5%）			
		故障排除（5%）			
	过程（5%）	实用工具的规范性（2%）			
		操作过程的规范性（2%）			
		工具使用管理（1%）			
	结果（10%）	结果质量（10%）			
社会能力（30%）	团结协作（15%）	小组成员合作良好（10%）			
		对小组的贡献（5%）			
	敬业精神（15%）	学习纪律性（8%）			
		爱岗敬业、吃苦耐劳（7%）			

任务	万用表的设计与调试					
评价评语	班级		姓名		学号	
	教师签字		组长		总评	
	评语：					

任务反思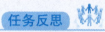

1. 若万用表测量所有挡位、表针都没有反应，可能出现的原因是什么？
2. 如果电压、电流挡测量正常，电阻挡不能测量，试分析可能出现的原因和故障点。
3. 使用直流电压/电流挡，测量极性正确，但表头指针反向偏转，原因是什么？
4. 使用电阻挡时，表头指针反向偏转，故障点可能在哪个地方？
5. 试分析电压或电流的测量值偏差很大的故障原因。
6. 若指针偏差较大，调整机械调零，仍然调整不到零位，怎么办？

任务3　小功率直流稳压电源的制作

任务目的

本任务是根据整流、滤波和稳压电路的原理，采用三端可调式集成稳压器，制作输出直流电压可调的直流稳压电源，并按照要求对直流稳压电源进行调试和测量。

1. 学会分析电路图，能够识别直流稳压电路需要的电子元器件；
2. 能用正确的方法焊接电路，能区分电路、计算参数、识别波形；
3. 能使用示波器测量波形，按照工艺规范焊接电路；
4. 能对元件进行检测，熟悉检测方法；
5. 能绘制印制电路板图，要求元件分布合理；
6. 能按照装配工艺装配元件；
7. 学会调试电路使之达到设计指标；
8. 能使用仪器仪表检查调试电路。

任务说明

直流稳压电源主要由四部分组成，即电源变压器、整流电路、滤波电路和稳压电路。

1. 电源变压器

电源变压器是一种软磁电磁元件，功能是功率传送、电压变换和绝缘隔离，在电源技术中和电力电子技术中得到广泛的应用。

2. 整流电路

整流电路是把交流电能转换为直流电能的电路。大多数整流电路由变压器、整流主电路和滤波器等组成。它在直流电动机的调速、发电机的励磁调节、电解、电镀等领域得到广泛应用。整流电路通常由主电路、滤波器和变压器组成。20世纪70年代以后，主电路多用硅整流二极管和晶闸管组成。滤波器接在主电路与负载之间，用于滤除脉动直流电压中的交流成分。变压器设置与否视具体情况而定。变压器的作用是实现交流输入电压与直流输出电压之间的匹配以及交流电网与整流电路之间的电隔离。

整流电路的作用是将交流降压电路输出的电压较低的交流电转换成单向脉动性直流电，这就是交流电的整流过程，整流电路主要由整流二极管组成。经过整流电路之后的电压已经不是交流电压，而是一种含有直流电压和交流电压的混合电压。习惯上称之为单向脉动性直流电压。

3. 滤波电路

滤波电路常用于滤去整流输出电压中的纹波，一般由电抗元件组成，如在负载电阻两端并联电容器 C，或与负载串联电感器 L，以及由电容器、电感器组成的各种复式滤波电路。

4. 稳压电路

稳压电路是指在输入电压、负载、环境温度、电路参数等发生变化时仍能保持输出电压恒定的电路。这种电路能提供稳定的直流电源，广泛为各种电子设备所采用。

（1）集成稳压器。集成稳压器的种类繁多，按照输出电压是否可调分为固定式和可调式；按照输出电压的正、负极性分为正集成稳压器和负集成稳压器；按照引出端子分为三端集成稳压器和多端集成稳压器。其中，三端集成稳压器的外形似普通三极管，其外部有三个引线端，即输入端、输出端和公共端。

（2）三端固定式集成稳压器。三端固定式集成稳压器外形及引脚排列如图 4-24 所示，电路符号如图 4-25 所示。目前国产的三端固定式集成稳压器有 CW78×× 系列（输出为正电压）和 CW79×× 系列（输出为负电压），其输出电压有 ±5 V、±6 V、±8 V、±9 V、±12 V、±24 V 等，最大输出电流有 0.1 A、0.5 A、1 A、1.5 A、2.0 A 等。

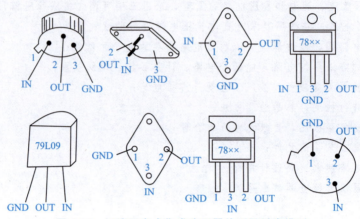

图 4-24　三端固定式集成稳压器外形及引脚排列

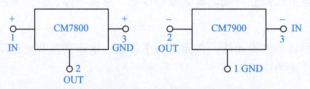

图 4-25　三端固定式集成稳压器电路符号

（3）三端可调式集成稳压器。三端可调式集成稳压器不仅输出电压可调且稳压性能优于固定式，被称为第二代三端集成稳压器。其调压范围为 1.2～37 V，最大输出电流为 1.5 A。CW117、CW217、CW317 系列为正电压输出，CW137、CW237、CW337 系列为负电压输出。三端可调式集成稳压器外形及引脚功能如图 4-26 所示，电路符号如图 4-27 所示。

图 4-26　三端可调式集成稳压器外形及引脚功能　　图 4-27　三端可调式稳压器的电路符号

5. 稳压电源主要性能指标

（1）输入电压：AC220 V。

输出电压（直流稳压）分三挡（3 V、4.5 V、6 V），各挡误差为 10%。

（2）输出直流电流：额定值 150 mA，最大值 300 mA。

（3）具有过载、短路保护，故障消除后自动恢复正常工作。

(4) 充电恒定电流：60 mA（10%），可对 1~5 节 5 号可充电电池进行充电，充电时间为 10~11 h。

任务准备与要求

1. 仪器仪表及工具准备

（1）直流稳压电源工作原理。直流稳压电源是一种将 220 V 工频交流电变换成稳压输出的直流电的装置，它需要变压、整流、滤波、稳压四个环节才能达成。一般由电源变压器、整流电路、滤波电路及稳压电路所构成。直流稳压电源方框图如图 4-28 所示。

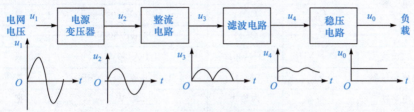

图 4-28　直流稳压电源方框图

1）电源变压器。电源变压器是降压变压器，它的作用是将 220V 的交流电压变换成整流滤波电路所需要的电压 u_2。电源变压器的变比由电源变压器的副边按比率确立，电源变压器副边与原边的功率比为 $P_2/P_1=\eta$，式中 η 是电源变压器的效率。

2）整流电路。该设计采用单相桥式整流电路。其由四只二极管构成，其构成原理是保证在变压器副边电压 u 的整个周期内，负载上的电压和电流方向不变。

3）滤波电路。经过整流后的直流电幅值变化很大，会影响电路的工作性能。可利用电容的"通交流，隔直流"的特色，在电路中并入两个并联电容作为电容滤波器，滤去中间的交流成分。

电容滤波电路是最常用也是最简单的滤波电路，在整流电路的输出端（负载电阻两头）并联一个电容即构成电容滤波电路。滤波电容容量较大，所以一般采用电解电容器，在接线时要注意电解电容器的正负极。电容滤波电路利用电容的充、放电作用，使输出电压趋于平滑。假如将两个滤波电容相连接，且连接点接地，即可同时获得输出电压平滑的正负电源。

4）稳压电路。稳压管稳压电路的工作原理是利用稳压管两头的电压稍有变化，会引起其电流有很大变化这一特色，经过调整与稳压管串联的限流电阻上的压降来达到稳定输出电压的目的。

LM317 三端可调式直流稳压电源能够连续输出可调的直流电压。稳压器内部含有过流、过热保护电路。由一个电阻（R）和一个可变电位器（R_P）构成电压输出调理电路，输出电压为 $V_0=1.25\ (1+R_P/R)$。

（2）直流稳压电源电路原理，如图 4-29 所示。

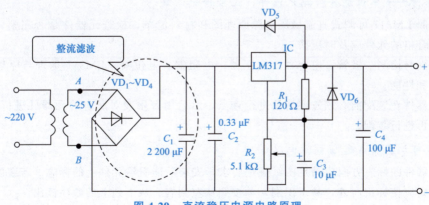

图 4-29　直流稳压电源电路原理

(3) 元器件及工具清单见表 4-4。

表 4-4 直流稳压电源元器件及工具清单

序号	名称	标号	型号	规格	单位	数量
1	电阻	R_1	RJ73	120 Ω	只	1
2	电位器	R_P	RJ73	5.1 kΩ	个	1
3	电容	C_1	CD11	0.33 μF/50 V	只	1
		C_2	CD11	2 200 μF/50 V	只	1
		C_3	CD11	10 μF/50 V	只	1
		C_4	CD11	100 μF/50 V	只	1
4	二极管	$VD_1 \sim VD_4$	1N4001	1 A/50 V	只	6
5	集成稳压器	IC	LM317	TO-220 或 TO-220FP	片	1
6	电烙铁	—	内热式	35 W	把	1
7	焊接材料	—	—	焊锡丝、导线松香、助焊剂	套	1
8	印制电路板	—	万能板	单孔 8 cm×10 cm	块	1

2. 教师准备

提前布置实训任务,让学生预习有关知识;按照预先的每 3 人分组,准备好实训材料和工具,制定好实训程序和步骤,指导学生进行实训活动。

3. 教师准备

做好知识的预习与储备,提前预习小功率直流稳压电源的工作原理,制定直流稳压电源的安装与调试流程,严格遵照实训指导书的操作要求和注意事项,按照组内分工积极参与实训活动。

4. 安全与文明要求

学生听从指导教师的安排及指挥,不在操作台附近相互打闹;保护好电子仪器仪表及工具;遵守实训须知的安全与文明要求;严格按照工艺操作规程进行操作,操作中如发现故障,应立即停止操作并报告指导教师。

任务实施

1. 根据材料清单识别并检测元器件,记录检测结果

(1) 对照 LM317 可调式直流稳压电源原理图和材料清单,检查元器件是否完整,质量是否合格,对不合格的元件应及时更换。

(2) 识别与检测二极管、电容器、变压器、电阻器、电位器、LM317 是否与原理图一致以及判断好坏和性能。

全部元器件在装配前必须按照清单进行查点,然后用万用表对所有的元器件进行测试检查,检查合格后再进行装配。

2. 组装可调式集成稳压电源电路

(1) 元器件的标志方向应满足图纸规定要求,安装后能看清元件上的标志。若装配图上没有指明方向,则应使标记向外,易于识别,并按照从左到右、从下到上的顺序读出。

(2) 安装有极性的元器件时如变压器、二极管、电容,注意极性不要装错。

(3) 安装高度应符合规定要求，同一规格的元器件应尽量安装在同一高度上。

(4) 安装顺序一般为先低后高，先轻后重，先小后大，先里后外，先易后难，先一般元器件后特殊元器件。例如，应先安装电阻、二极管、电位器，接着安装电容，后安装稳压器和变压器。

(5) 元器件在印制电路板上的分布应尽量均匀，排列整齐美观，不允许斜排、立体交叉和重叠排列。元器件外壳和引线不得相碰，要保证 1 mm 左右的安全间隙，必要时应套绝缘套管。

(6) 一些特殊元器件的安装处理，如 LM317 稳压器发热元件要与电路板保持一定的距离并加装散热片，散热面积一般不应小于 10 mm^2；较大元器件（如变压器）的安装应采取固定措施（绑扎、粘接、支架固定等），以减振缓冲。

3. 焊接电路板

(1) 电烙铁要接地，以防止在焊接时由于漏电而击穿元器件。因此推荐使用可调电烙铁，一般温度调节为 350 ℃左右为宜，焊接时间少于 2 s。

(2) 焊接时要保持焊点饱满，有光泽度，焊锡不应过多。

(3) 焊接时应保证所有插装好的器件不移动位置。各焊点加热时间及用锡量要适当，对耐热性差的元器件应使用工具辅助散热，防止虚焊、错焊，防止因拖锡而造成短路。

(4) 焊后处理：剪去多余引脚线，检查所有焊点，对缺陷开展修补。

注意：

①要正确连接好取样电阻 R_1、R_W。在焊接电路时，应让 R_1 尽可能靠近稳压器的调整端与输出端，否则，当输出端流过大电流时，将会在电路上产生附加的电压降，使输出电压不稳定。R_W 的接地点应该和负载电流返回的接地点相同。所以 R_1、R_W 的连接是否正确会直接影响稳压性能。

②应特别注意 4 个整流二极管和电容 C_1 的极性不能接反。二极管接错可能会烧毁集成稳压器甚至烧毁电源变压器，电容 C_1 的极性接反可能会使电容爆裂。

③变压器的输入级和输出级不能接错，可用万用表测电阻，电阻大的为输入级，电阻小的为输出级；一般变压器的红色线为输入级。

4. 作业质量检查

按照 IPC-A-610E 电子装联可接受标准及元器件引脚加工成形工艺要求检查本次任务作业质量，并记录检查结果。

5. 电路调试与测量

(1) 万用表选择欧姆挡 $R\times 10$ kΩ 挡测量 AB 两端的输入电阻值，记录结果，若阻值为零，说明电路中出现了短路，请认真检查电路中元件极性是否正确、有无连焊。排除电路短路情况，输入电阻阻值较大时方可进行通电测试。

(2) 在输入端 AB 两端接 16 V 交流电源，进行调试与测量。

1) 万用表选择直流电压 50 V 挡，黑表笔接地（直流电源负端），红表笔接 LM317 的 3 脚，记录 3 脚的对地电压值。

2) 万用表选择直流电压 10 V 挡，黑表笔接地（直流电源负端），红表笔接 LM317 的 1 脚，同时用螺钉旋具调节电位器 R_P 的电阻值，1 脚的对地电压应均匀地变化；记录 1 脚的电压变化范围。

3) 万用表选择直流电压 50 V 挡，黑表笔接地，红表笔接 LM317 的 2 脚，同时用螺钉旋具调节电位器 R_P 的电阻值，2 脚的对地电压应在 1.25～21 V 之间均匀地变化；记录 2 脚的电压变化范围。

4）若输出电压为 0，变压器又无异常发热现象，则说明电源变压器或二次绕组已经断开或未接妥，也可能是电源与桥式整流未接妥。

5）测试时一定要遵守安全操作规程，安装或更换元器件时要关断电源，发现打火、冒烟、有异味等不正常现象也要及时关断电源，然后查找原因。

6. 分析电路故障位置、排除电路故障

分析故障现象及可能原因，采取相应办法进行解决。

（1）电源指示灯不亮，没有直流电压输出，或者电压输出不能够调整等。

（2）依据原理图检查线路，用万用表检测每条线路，保证线路导通。

（3）用万用表直流 250 V 电压挡测变压器输入端的电压能否为 220 V。

（4）提供 3 W、12 V 输出变压器，使用变压器的第 1、2 根线（红色）接 220 V 的市电，第 3、4 根线（黑色）输出 12 V 电压。用万用表直流 50 V 电压挡测变压器输出端的电压能否有 12 V。

（5）用万用表直流 50 V 电压挡测整流输出的电压，即测 LM317 的输入端（3 脚）有没有电压。

（6）用万用表直流 50 V 电压挡测调整端的电压，即测 LM317 的调整端（1 脚）的电压，旋转可调电阻，看看电压能否可调。如果不能调，可调电阻 R_{P1} 破坏或者 R_2 没有接到可调电阻上，或者接错了。

（7）用万用表直流 50 V 电压挡测输出端的电压，即测 LM317 的输出端（2 脚）的电压，旋转可调电阻，看看电压能否可调。

如果不能调，可能是集成芯片 LM317 破坏。

如果输出电压为 10 V 左右，可调范围很小，也可能是集成芯片 LM317 损坏。

7. 任务实施过程评价

填写任务实施过程评价表（表 4-5）。

表 4-5　任务实施过程评价表

任务序号	小功率直流稳压电源的制作			
	检查项目	检查标准	学生自检	教师检查
1				
2				
3				
4				
5				
6				
7				
8				
9				
10				
检查评价	班级		第　组	组长签字
	教师签字		日期	
	评语：			

👉 点拨

测试时一定要遵守安全操作规程，安装或更换元器件时要关断电源，发现打火、冒烟、有异味等不正常现象也要及时关断电源，然后查找原因。

任务评价

任务		小功率直流稳压电源的制作			
评价类别	项目	子项目	个人评价	小组评价	教师评价
专业能力（70%）	任务准备（10%）	收集信息（5%）			
		回答问题（5%）			
	计划（5%）	计划可执行度（3%）			
		材料工具使用及安排（2%）			
	实施（30%）	接线操作规范（5%）			
		接线符合要求（10%）			
		功能实现（10%）			
		工具使用熟练（5%）			
	检查（10%）	全面性、准确性（5%）			
		故障排除（5%）			
	过程（5%）	实用工具的规范性（2%）			
		操作过程的规范性（2%）			
		工具使用管理（1%）			
	结果（10%）	结果质量（10%）			
社会能力（30%）	团结协作（15%）	小组成员合作良好（10%）			
		对小组的贡献（5%）			
	敬业精神（15%）	学习纪律性（8%）			
		爱岗敬业、吃苦耐劳（7%）			
评价评语	班级		姓名		学号
	教师签字		组长		总评
	评语：				

任务反思

1. 试分析直流稳压电源出现有调压作用但无稳压作用的故障原因。
2. 如果输出电压过高，无调压、稳压作用，试分析可能出现的原因和故障点。
3. 若各挡电压输出都很小并且没有稳压作用，原因是什么？

任务 4　光控音乐门铃的制作

任务目的

1. 掌握光控音乐门铃电路的安装工艺；
2. 掌握光控音乐门铃电路检测和调试技能；
3. 通过对光控音乐门铃电路进行检测和调试，掌握一般的焊接方法和电路故障的排除方法；
4. 通过动手操练，培养严谨、认真和务实的学习习惯，感受学习带来的乐趣，增强自信。

任务说明

光控音乐门铃由光控电路和音乐门铃两部分组成；光控音乐门铃电路原理如图 4-30 所示。

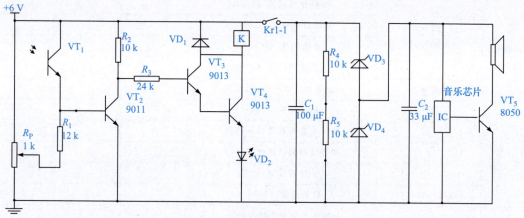

图 4-30　光控音乐门铃电路原理

当接通电源时，用手挡住 VT_1 光敏三极管的光线，其内阻增大，使 VT_2 集电极为高电位。这样使 VT_3、VT_4 复合管饱和导通，VD_2 发光二极管发光变亮。同时电流流过继电器线圈，产生磁声，使继电器常开触点吸合接通。电流经 VD_3、VD_4、R_4、R_5 分压，C_1 滤波，给 IC 音乐集成模块提供电压，此时，IC 工作，音乐信号经 IC 的 b 脚输出，通过 VT_5 放大，使扬声器发出悦耳的音乐门铃声。反之，若不用手挡住 VT_1，光敏三极管内阻较小，VT_2 基极为高电位，使 VT_2 导通，其集电极为低电位，这样 VT_3、VT_4 复合管截止，发光二极管 VD_2 不亮，继电器线圈中也没有电流通过，继电器不工作，常开触点断开，音乐集成没有电源，扬声器不发声。

VD_1 为继电器的保护二极管。当 VT_3、VT_4 复合管从导通突然转变为截止时，继电器线圈中会产生一个反电动势，为了保护继电器线圈不受损坏，使反电动势产生脉动电流，给 VD_1 放电，从而达到保护继电器的作用。

焊接时，VT_5 直接焊接在音乐芯片上，扬声器的负端接音乐芯片第 3 脚（VT_5 的 c 极），音乐芯片 4 脚（VT_5 的 e 极）接地。光敏三极管无插销的脚接正电源，实验时光线不能太暗，R_P 电位器调节不同光下光控音乐门铃的可靠性。

任务准备与要求

1. 仪器仪表及工具准备

(1) 元器件清单（表 4-6）。

表 4-6 光控音乐门铃元器件清单

序号	名称	数量	备注
1	DZJS-H-AV2.0.PCB	1	
2	金属氧化膜电阻 RY-1/4 W-12 kΩ±1%	1	R_1
3	金属氧化膜电阻 RY-1/4 W-10 kΩ±1%	3	R_2、R_4、R_5
4	金属氧化膜电阻 RY-1/4 W-24 kΩ±1%	1	R_3
5	二极管 1N4148-DO35	1	VD_1
6	LED 发光二极管-3 mm-红（圆头）	1	VD_2
7	稳压二极管 C3V0-5T-1/2 W-3 V-直插（2CW51）	2	VD_3、VD_4
8	光敏三极管 3DU33-B4	1	VT_1
9	三极管 9011-TO92	1	VT_2
10	三极管 9013-DO92	2	VT_3、VT_4
11	三极管 S8050D-TO92	1	VT_5
12	电位器 WH5-1 A-1 kΩ	1	
13	37 号帽子灰 KYZ12-20-4T	1	
14	电解电容器 CD11-100 μF-16 V（5×11）	1	C_1
15	电解电容器 CD11-33 μF-16 V（5×11）	1	C_2
16	音乐芯片	1	
17	8 Ω-1/2 W 扬声器	1	
18	继电器 HJR-4102-L-05V	1	
19	M3/2 号螺母 K2A30-02	2	

(2) 电路板如图 4-31 所示。

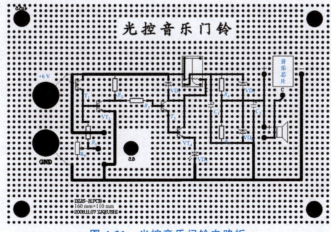

图 4-31 光控音乐门铃电路板

2. 教师准备

提前布置实训任务，让学生预习有关知识；按照预先的每3人分组，准备好实训材料和工具，制定好实训程序和步骤，指导学生进行实训活动。

3. 教师准备

做好知识的预习与储备，提前预习光控音乐门铃的电路原理，制定光控音乐门铃的安装工艺，严格遵照实训指导书的操作要求和注意事项，按照组内分工积极参与实训活动。

4. 安全与文明要求

学生听从指导教师的安排及指挥，不在操作台附近相互打闹；保护好电子仪器仪表及工具；遵守实训须知的安全与文明要求；严格按照工艺操作规程进行操作，操作中如发现故障，应立即停止操作并报告指导教师。

任务实施

（1）选择元器件和导线及耗材。

（2）元器件的检测及安装。

1）清理检测所有元器件和零部件，按电路板图正确安装元器件和零部件。

2）R_7、VT_5 装配在 IC 音乐集成模块上，集成模块①至④脚用裸铜丝焊接在 PCB 上，焊接要牢靠；高度适中。微调电位器尽量插到底，不能倾斜，三只脚均需焊接。集成电路、继电器、轻触式按钮开关底面与印制电路板贴紧。

3）检查无误后，用电烙铁将断口 A、B、C、D 封好，再将继电器的常闭触点临时短接，接上 6 V 电源。用万用表电压挡测量 VD_3、VD_4 中点电压，正常应为 3 V 左右。扬声器发出悦耳的音乐门铃声。

4）去掉继电器常闭触点短接线。用手挡住 VT_1 的光线，调节 R_P，使继电器刚好吸合。手不遮挡 VT_1，继电器释放。然后在不同的光线下，调试光控音乐门铃的可靠性。

音乐集成模块可任意选用，但引脚各不相同，安装时需加注意。

（3）故障检测与调试。

1）检测和记录三极管 $VT_1 \sim VT_5$ 各级在两种状态下的电位值。

2）检测和记录 VD_2 发光二极管亮时的电流值。

3）用电烙铁将断口 A 焊开，即 R_P 下端开路。观察故障现象，用万用表测量光控电路各三极管的各极电压值，记录观察到的现象和测量数据，分析故障原因，然后用电烙铁将断口 A 封好。

4）用电烙铁将断口 B 封好，相当于 VT_4 发射极与集电极短路。观察并记录故障现象，分析故障原因，然后用电烙铁将断口 B 焊开。

5）用电烙铁将断口 C 焊开，把万用表拨至电流挡，串接在 C 断口处，测量和记录扬声器响和不响两种状态下的电流值。然后用电烙铁将断口 C 封好。

6）用电烙铁将断口 D 焊开，观察故障现象，用万用表电压挡测量 IC 集成块①至⑥脚两种状态下的电压值。然后用电烙铁将断口 D 封好，用万用表电压挡再测量 IC 集成块①至⑥脚两种状态下的电压值，并进行比较。

（4）填写任务实施过程评价表（表 4-7）。

表 4-7　任务实施过程评价表

任务序号	检查项目	检查标准	光控音乐门铃的制作 学生自检	教师检查
1				
2				
3				
4				
5				
6				
7				
8				
9				
10				
检查评价	班级： 教师签字： 评语：		第　　组 日期	组长签字

点拨

微调电位器尽量插到底，不能倾斜，三只脚均需焊接。集成电路、继电器、轻触式按钮开关底面与印制电路板贴紧。音乐集成模块可任意选用，但引脚各不相同，安装时需加注意。

任务评价

评价类别	项目	子项目	光控音乐门铃的制作 个人评价	小组评价	教师评价
专业能力（70%）	任务准备（10%）	收集信息（5%）			
		回答问题（5%）			
	计划（5%）	计划可执行度（3%）			
		材料工具使用及安排（2%）			
	实施（30%）	接线操作规范（5%）			
		接线符合要求（10%）			
		功能实现（10%）			
		工具使用熟练（5%）			

续表

任务		光控音乐门铃的制作			
评价类别	项目	子项目	个人评价	小组评价	教师评价
专业能力（70%）	检查（10%）	全面性、准确性（5%）			
		故障排除（5%）			
	过程（5%）	实用工具的规范性（2%）			
		操作过程的规范性（2%）			
		工具使用管理（1%）			
	结果（10%）	结果质量（10%）			
社会能力（30%）	团结协作（15%）	小组成员合作良好（10%）			
		对小组的贡献（5%）			
	敬业精神（15%）	学习纪律性（8%）			
		爱岗敬业、吃苦耐劳（7%）			
评价评语	班级		姓名		学号
	教师签字		组长		总评
	评语：				

任务反思

1. 如何判断光敏电阻的好坏？
2. 在光控音乐门铃光控电路中，光控晶体管如何选择？
3. 请阐述继电器在光控音乐门铃电路中的工作原理。

参 考 文 献

[1] 黄冬梅，郑翘. 电工技术与应用 [M]. 北京：中国铁道出版社，2017.
[2] 曹建林，魏巍. 电工电子技术 [M]. 北京：高等教育出版社，2019.
[3] 付植桐，张永飞. 电子技术 [M]. 6版. 北京：高等教育出版社，2021.
[4] 邱关源. 电路 [M]. 6版. 北京：高等教育出版社，2022.
[5] 刘明. 新编电工学（电工技术）题解 [M]. 武汉：华中科技大学出版社，2002.
[6] 黄冬梅. 电工基础 [M]. 北京：中国轻工业出版社，2007.
[7] 黄冬梅. 电工电子实训 [M]. 北京：中国轻工业出版社，2006.
[8] 张兴伟. 电工彩虹桥：金彩图解电工安装入门 [M]. 北京：电子工业出版社，2014.
[9] 《就业金钥匙》编委会. 就业金钥匙：电工上岗一路通（图解版）[M]. 北京：化学工业出版社，2013.